Daniel Mauch

Entwicklung eines benutzerorientierten Segmentiersystems für biomedizinische Bilder

disserta
Verlag

Mauch, Daniel: Entwicklung eines benutzerorientierten Segmentiersystems für biomedizinische Bilder, Hamburg, disserta Verlag, 2010

ISBN: 978-3-942109-42-0
Druck: disserta Verlag, ein Imprint der Diplomica® Verlag GmbH, Hamburg, 2010

Bibliografische Information der Deutschen Nationalbibliothek
Die Deutsche Nationalbibliothek verzeichnet diese Publikation in der Deutschen Nationalbibliografie; detaillierte bibliografische Daten sind im Internet über http://dnb.d-nb.de abrufbar.

Die digitale Ausgabe (eBook-Ausgabe) dieses Titels trägt die ISBN 978-3-942109-43-7 und kann über den Handel oder den Verlag bezogen werden.

Dieses Werk ist urheberrechtlich geschützt. Die dadurch begründeten Rechte, insbesondere die der Übersetzung, des Nachdrucks, des Vortrags, der Entnahme von Abbildungen und Tabellen, der Funksendung, der Mikroverfilmung oder der Vervielfältigung auf anderen Wegen und der Speicherung in Datenverarbeitungsanlagen, bleiben, auch bei nur auszugsweiser Verwertung, vorbehalten. Eine Vervielfältigung dieses Werkes oder von Teilen dieses Werkes ist auch im Einzelfall nur in den Grenzen der gesetzlichen Bestimmungen des Urheberrechtsgesetzes der Bundesrepublik Deutschland in der jeweils geltenden Fassung zulässig. Sie ist grundsätzlich vergütungspflichtig. Zuwiderhandlungen unterliegen den Strafbestimmungen des Urheberrechtes.

Die Wiedergabe von Gebrauchsnamen, Handelsnamen, Warenbezeichnungen usw. in diesem Werk berechtigt auch ohne besondere Kennzeichnung nicht zu der Annahme, dass solche Namen im Sinne der Warenzeichen- und Markenschutz-Gesetzgebung als frei zu betrachten wären und daher von jedermann benutzt werden dürften.

Die Informationen in diesem Werk wurden mit Sorgfalt erarbeitet. Dennoch können Fehler nicht vollständig ausgeschlossen werden und der Verlag, die Autoren oder Übersetzer übernehmen keine juristische Verantwortung oder irgendeine Haftung für evtl. verbliebene fehlerhafte Angaben und deren Folgen.

© disserta Verlag, ein Imprint der Diplomica Verlag GmbH
http://www.disserta-verlag.de, Hamburg 2010
Hergestellt in Deutschland

TECHNISCHE UNIVERSITÄT MÜNCHEN

Institut für Medizinische Statistik und Epidemiologie
Lehrstuhl für Medizinische Informatik

„Entwicklung eines benutzerorientierten Segmentiersystems für biomedizinische Bilder"

Daniel Mauch

Vollständiger Abdruck der von der Fakultät für Medizin der Technischen Universität München zur Erlangung des akademischen Grades eines Doktors der Medizin (Dr. med.) genehmigten Dissertation.

Vorsitzender: Univ.-Prof. Dr. D. Neumeier

Prüfer der Dissertation:
1. apl. Prof. Dr. A. Horsch
2. Univ.- Prof. Dr. K. Kuhn

Die Dissertation wurde am 14.07.2009 bei der Technischen Universität München eingereicht und durch die Fakultät für Medizin am 27.01.2010 angenommen.

Inhaltsverzeichnis

Abbildungsverzeichnis

Glossar

CD Contextual Design
CT Computertomographie

DIC Differential Interference Contrast

BA Bildanalyse
BV Bildverarbeitung

FACS Fluorescence Activated Cell Sorting

GLP Good Labaratory Practice
GUI Graphical User Interface

IPTC International Press Telecommunications Council

LAN Local Area Network
LSM Laser Scanning Microscope

MRT Magnetresonanztomographie
MR Magnetresonanz

PCR Polymerase Chain Reaction
PET Positronen-Emissions-Tomographie

ROI Region Of Interest

SD Standard deviation
SNR Signal-to-noise ratio

UML Unified Modeling Language

VBA Visual Basic for Application

Danksagung

An dieser Stelle möchte ich mehreren Personen meinen Dank aussprechen.

Zuerst Prof. Dr. Alexander Horsch für seine Betreuung der Arbeit. Ohne seine kritischen Anmerkungen und anregenden Ideen wäre diese Arbeit nicht möglich geworden. Besonderer Dank gilt seiner Geduld für dieses langatmige Projekt. Auch entwickelten sich aus den Gesprächen immer wieder neue Aspekte und wertvolle Erkenntnisse.

Weiterer Dank gilt Dr. Thomas Waschulzik von der Firma Carl Zeiss, ohne dessen Unterstützung ich keine Zeitreserven für die Erstellung der Arbeit gehabt hätte.

Inhaltlich wäre ich ohne die vielen hilfreichen Tipps bei der Ausarbeitung des Softwareprototyps von Daniel Hausmann, Martin Schemm, Vito Smolje, Michael Kraus und Manfred Burow lange nicht so weit gekommen.

Besonderer Dank gilt auch Julia, die mich in der Zeit immer zum Durchhalten und Weitermachen motiviert hat.

Weiter möchte ich mich bei den vielen Helfern bedanken: Dr. Wolf Malkusch, Dr. Karl Renner und Martin Büchele.

1 Einleitung

In der heutigen medizinischen Bildverarbeitung werden oft Schwerpunkte auf die Bereiche MR, CT, Ultraschall und PET gelegt. Die Mikroskopie wird sehr häufig eher den biologischen, als den medizinischen Fächern zugeteilt. Hierbei wird jedoch häufig übersehen, welche Relevanz die Mikroskopie für die Klinik besitzt. Hier sei nur auf die folgenden Fachbereiche hingewiesen: Pathologie, Klinische Chemie, Mikrobiologie, Immunologie, Virologie, um nur einige zu nennen. Allen gemeinsam ist die Benutzung des Mikroskops zur Diagnostik. Hierbei werden bis zum heutigen Tag sehr häufig die Diagnosen und Ergebnisse aufgrund von qualitativen Beobachtungen durch den Experten gewonnen. In den letzten Jahren hat jedoch im Zuge der rasanten Entwicklung im Bereich der Kameratechnik auch der Bereich der Aufnahme der Bilder mit digitalen Kameras stark zugenommen. Diese digital vorliegenden Bilder haben erhebliche Vorteile gegenüber dem konventionellen Diapositiv.

Die steigende Anzahl der digital erstellten Bilder im Bereich der Mikroskopie weckte aber auch das Bedürfnis diese Bilder weiter zu analysieren. Dazu wurden viele Methoden aus dem Bereich der Bildverarbeitung benutzt, um „einfache" Problemstellungen zu lösen. Bei komplexeren Problemen zeigt sich jedoch schnell, dass die gefundenen Lösungen sehr oft speziell für eine Problemstellung praktikabel sind, aber sich nicht auf andere Probleme anwenden lassen. Hier träumen noch viele von einem System, mit dem man einen hohen Prozentsatz der Kundenprobleme lösen könnte. Methodisch wurden hier ganz unterschiedliche Ansätze gewählt wie z.B. Neuronale Netze, Pattern Recognition, Adaptative Segmentierung und viele mehr.

Ein großes Problem bei der Entwicklung der Methoden war und ist die Diversität der Bilder und Problemstellungen. Für eine bestimmte eingegrenzte Art von Bildern funktioniert eine Methode sehr gut, für eine andere aber sehr schlecht. Dies ist vor allem ein Problem bei der Vergleichbarkeit von Veröffentlichungen in diesem Bereich, da sich die Ergebnisse oft auf unterschiedliches Datenmaterial beziehen oder eine nicht genügend große Anzahl von Bildern benutzt wird. Der Zugriff auf einen einheitlichen Goldstandard ist bis heute nicht einheitlicht.

1.1 Aktueller Stand der Forschung

Laut Literatur herrscht Konsens darüber, dass der Einsatz von Methoden der Bildverarbeitung in der Medizin eine immens gesteigerte Bedeutung hat (12) (69) (42) (47).

Bei den Bildverarbeitungssystemen haben viele Mediziner eine passive, kritische Einstellung. Dabei spielt eine große Rolle, dass sie nicht die Einzelheiten der Methodik erfassen können und Vorbehalte gegenüber der Genauigkeit und Fehleranfälligkeit haben (69).

Bis zum heutigen Zeitpunkt ist es nicht gelungen, für alle Anforderungen an die medizinische Bildverarbeitung eine 100%ige Lösung anzubieten (81) (136) (84). Dies hat ihre Ursache in vielen verschiedenen Bereichen wie z.B. schlechte Bildqualität der Ausgangsbilder, hohe Komplexität der Analyse oder hohes Maß an notwendigem Vorwissen. Dennoch wird von einigen immer noch die vollautomatische Auswertung als erstrebenswertes Ziel angesehen. Dies hat den großen Vorteil, dass die Auswertung objektiv und nicht durch interindividuelle Unterschiede beeinflusst werden würde. Damit würde dann auch die Vergleichbarkeit und Qualität der Analysen gesteigert werden.

Das Problem des fehlenden fachspezifischen Vorwissens der Segmentierungswerkzeuge wird zum Teil als eines der fundamentalen Probleme dargestellt (84).

In der Bildanalyse ist der Schritt der Segmentierung immer noch ein sehr kritischer Punkt (27) (137) (84) (89) (25) (111) (3). Dies wird auch immer noch als das am schwierigsten zu lösende Problem bei der Analyse von Bilddaten angesehen (43). Dabei ist der Schritt der Segmentierung einer der fundamentalsten in der Prozesskette (84). Ein großes Problem hierbei ist das notwendige Vorwissen (anatomisch, histologisch, makroskopisch) (137). Dabei gilt es, das Objekt möglichst einfach und schnell aus dem Bild zu extrahieren. Dabei wird ein Objekt dadurch charakterisiert, dass die Pixel (Bildpunkte) eine gewisse „Ähnlichkeit" besitzen. Diese homogenen Regionen werden dann als Segmente bezeichnet. Diese Segmente werden klassifiziert und dann zu Gruppen und Objekten zusammengefasst. Das Ziel ist dabei aus der Realität Objekte zu extrahieren und zu Daten zu transformieren.

Weitere Möglichkeiten die im Anschluss an eine Bildsegmentation erfolgen, sind 3D Rekonstruktion und Visualisierung der Objektdaten (84).

Die Ähnlichkeit der Pixel kann durch verschiedene charakteristische Eigenschaften bestimmt werden. Am einfachsten erfolgt dies durch lokale Parameter wie z.B. Intensitäts- oder Farbwerte. Dies erreicht man z.B. durch einfache Segmentiermethoden wie Thresholding oder statistische Klassifizierung. Dabei geht ein Großteil der Segmentierverfahren davon aus, dass die zu segmentierenden Objekte zumindest eine der folgenden Eigenschaften besitzt: homogene Grauwerte, eindeutige Grauwertbereichszuordung oder kontinuierliche Kanten (127). Diese Annahmen werden sehr oft global für das gesamte Bild angenommen. Dies ist auch ein Grund dafür, dass die Methode des Region Growing als eine der am häufigsten benutzten automatischen Segmentiermethode gilt. Probleme ergeben sich aber, da es häufig lokale Variabilitäten in den Bilddatensätzen gibt.

1.2 Manuelle Segmentierung

Allen Segmentiermethoden gemeinsam ist die Frage nach dem möglichen Grad der Automatisierung. Hierbei werden heute, abhängig von der Problemstellung, alle Methoden von manuell bis zu vollautomatisch benutzt.

Die technisch einfachste Methode ist sicherlich die manuelle Segmentierung. Hierbei ist das Segmentiersystem nur ein Hilfsmittel um Objekte zu zeichnen. Oft werden dabei Objektkonturen eingezeichnet. Dies geschieht in den meisten Fällen in einem 2D Bild. Eine Einarbeitung in das Werkzeug ist fast nie notwendig. Dabei hat der Benutzer die volle Kontrolle über das System. Abgesehen von der Einfachheit der Methode ist die manuelle Segmentierung häufig Methode der Wahl bei Bildern mit hohem Rauschen oder sehr geringem Kontrast und schwer zu erkennenden Objektkonturen.

Ein weiterer Vorteil der Methode ist, dass sie keine Parametrisierung benötigt, aber dafür sehr abhängig vom Benutzer ist. Ein weiterer Nachteil ist der sehr hohe Zeitaufwand. Das ist einer der Gründe, warum das Verfahren im täglichen klinischen Betrieb nur selten eingesetzt wird (115). Eine hohe Relevanz hat dies vor allem bei mehrdimensionalen Bildern, wie z.B. MSCT-Scans (110).

In vielen Fällen wird die manuelle Segmentierung auch eingesetzt, um eine automatische Segmentierung zu korrigieren. Das Problem hierbei ist jedoch, dass der Zeitvorteil von der automatischen Methode oft verloren geht (84).

Ein großes Problem der Methode ist die Variabilität zwischen den Benutzern. Diese kann bis zu 22% betragen (129).

Ein weiterer sehr interessanter Ansatz ist der von "human-based computation". Die Idee hierbei ist es, bestimmte Aufgaben an den Mensch zu „outsourcen" (63). Dabei werden vor allem die Aufgaben benutzt, bei denen es einen hohen Aufwand bedeuten würde, diese durch Rechenleistung zu lösen, es dem Mensch jedoch sehr leicht fällt dies zu tun.

Eine der ersten Anwendungen im Bereich der Bildverarbeitung war das Labeling von Bildern mit Keywords (125). Hier wurden alle Objekte in einem Bild mit Wörtern beschrieben. Dabei geschah dies durch ein Spiel, in dem zwei Spieler ein Bild präsentiert bekamen und möglichst schnell Wörter zu den Bildern aufschreiben sollten. Die übereinstimmenden Wörter wurden dann in die Beschreibung des Bildes aufgenommen. Durch die sehr hohe Zahl an Spielern und die Zeitbegrenzung auf zwei Minuten pro Bild können eine sehr hohe Anzahl von Bildern analysiert werden.

Eine Erweiterung war dann das Einzeichnen von Objekten in diese Bilder (126). In dieser Spielumgebung zeichnen dann die beiden Spieler mit der Maus die einzelnen Objekte ein. Anschließend wurden alle jemals eingezeichneten Objekte übereinander gelagert und man erhält die gesuchten Objekte. Dadurch erhält man in kürzester Zeit eine hohe Anzahl an analysierten Bildern, die dann für einen Goldstandard genutzt werden können.

Einen ähnlichen Weg geht das Projekt LabelMe (99). Dabei werden Benutzern auf einer Website Bilder gezeigt, in denen sie Objekte einzeichnen und benennen können. Dabei wird jedoch auf das freiwillige Mitarbeiten der Community gehofft. Dies ist eines der Ziele der Open Mind Initiative (107).

1.3 Automatische Segmentierung

Auf der anderen Seite sind vollautomatische Systeme immer noch ein wünschenswertes Ziel der Forschung und einiger Benutzer (86) Hierbei wird sehr oft die hohe Zeitersparnis als großer Vorteil genannt (137). Weitere Vorteile sind die höhere Genauigkeit und die geringere intra- und interindividuelle Unterschiede. Hier wird aber immer noch diskutiert, ob die intra- und interindividuellen Unterschiede wirklich durch automatische Methoden verringert werden können.

Ein Problem dieser vollautomatischen Systeme stellt oft die Parametrisierung dar. Ziel sollte es sein, die mindest notwendige Anzahl an Parametern zu benutzen, um die Objekte sicher zu erkennen. Dies funktioniert bei einfachen, gleichbleibenden Problemstellungen häufig sehr gut. Probleme entstehen oft bei nicht vorhersehbaren, pathologischen Änderungen (57). Ein schlankes System mit wenigen Parametern für ein komplexes System zu erstellen ist jedoch immer noch sehr schwierig. Häufig wird versucht, dem dahingehend entgegenzuwirken, in dem man Vorwissen in das System einbaut. Dies hat jedoch wieder zur Folge, dass die Systeme nur in gewissen Grenzen funktionieren. Die Balance zwischen dem Freiheitsgrad und der Restriktion ist hier das Hauptproblem (81). Auch wird bei erhöhtem Freiheitsgrad das Ausmaß der Subjektivität erhöht (57).

Eine Auswahl an automatischen Segmentierverfahren:

- Schwellwertverfahren (87) (88)
- Wasserscheidentransformation
- Canny Operator (13)
- Hough Transformation (50)
- Definiens Cognition Network Technology (2) (85)

Auch wenn in den letzten Jahren versucht wurde, den Grad der Automatisierung weiter zu erhöhen, muss dennoch der Benutzer immer noch eine relativ hohe Anzahl an Interaktionen leisten, bevor die Bilder analysiert sind (33).

1.4 Semiautomatische Methoden

Vor allem in den letzten Jahrzehnten wurden eine Reihe neuer Methoden entwickelt, die als semi- oder halbautomatische Segmentiermethoden beschrieben worden sind (31) (59) (4) (81) (137). Diese versuchen die Vorteile der automatischen Unterstützung mit den Stärken der manuellen Segmentierung zu verknüpfen. Aber auch hier stellt sich das Problem der Kontrollierbarkeit der Methode. Viele Benutzer bemängeln die komplexe Bedienung der Tools (52). Dabei wird oft argumentiert, dass die Zeit zur Korrektur der semi-automatischen Segmentierung mehr Zeit in Anspruch nimmt als die manuelle Segmentierung (60). Ein weiteres Problem ist die Tatsache, dass der Benutzer nur indirekt das Segmentierergebnis beeinflussen kann (64). Damit ist die manuelle Segmentierung der semiautomatischen Segmentierung in Bezug auf Interaktionszeit häufig im Vorteil. Hier wird versucht, eine weitere Optimierung z.B. durch Verbesserung des Trainings der Algorithmen zu erreichen (77) (81) (52) (64) (101) (5) (8) (35) (75).

Bei den semi-automatischen Segmentiermethoden können zwei grundlegende Verfahren unterschieden werden. Auf der einen Seite zeichnet der Benutzer interaktiv eine Region of interest (ROI) ein (Regionen basiert). Anschließend wird ein automatischer Rechenprozess durchgeführt, bei dem die interaktiv gesetzten Parameter angewendet werden, wie zum Beispiel im Falle des Region Growing. Mit der zweiten Methode werden durch iteratives Zeichnen und Nachbessern der Kontur, nach und nach die gewünschten Konturen ermittelt (Kontur basiert) (1).

Das gemeinsame Ziel aller semiautomatischen Methoden kann zusammengefasst werden als:

1. Dem Benutzer die maximale Kontrolle über das System zu geben, während er es benutzt. Immer wieder betont wird hier die Echtzeitvorschau während der Interaktion (27).

2. Minimierung der Benutzermitwirkung im Sinne von unnötiger Parametereinstellung. Dies alles sollte dann zu einer Minimierung der Interaktionszeit bei der Segmentierung führen (84).

Zu den bedeutendsten semiautomatischen Verfahren gehören sicherlich:

- Live-Wire beziehungsweise Live-Lane (26) (80) (82) (84)
- Snake (59) (79)
- Deformable Templates (76)
- Region Growing (15) (70) (43) (68) (106) (45) (61) (1)
- Active Appearance Model (10)

Vergleicht man bei den semi-automatischen Segmentiermethoden zum Beispiel die durchschnittliche Zeit zur Segmentierung von Objekten, so ist die „Intelligent Scissors“ Methode ca. 50-100% schneller, bei höherer Genauigkeit (81).

1.5 Goldstandard

In der Regel wird bei der Erstellung eines Goldstandards zum Vergleich von Segmentiermethoden immer noch auf die manuelle Segmentierung zurück gegriffen, da das Wissen des Untersuchers als beste Methode verstanden wird (140) (71) (138) (123) (7) (93) (100) (137) (121). Als ein weiterer Grund gilt die Benutzerschnittstelle. Diese entscheidet oft darüber, ob der Benutzer das automatische Verfahren im Alltag einsetzt, oder doch manuell segmentiert (64). Auch ist das Wissen des Experten in seiner Domäne häufig sehr schlecht in eine für den Rechner verständliche Form umzusetzen (5). Um dies zu bewerkstelligen, bedient man sich heute oft der Methode der Modellierung. Dabei ist ein Problem bei der Erstellung der Modelle, dass diese nicht genügend allgemeines Wissen enthalten, sie müssen aber dennoch spezifisch genug sein (91) (56) (55).

Es gibt außerdem keine Datenbank, in der die verschiedenen Methoden von einer Gruppe verglichen worden sind (83).

Eine weitere, nicht zu beantwortende Frage ist, was denn das richtige Objekt ist. Bei klaren Konturen ist dies eventuell noch zu lösen. Bei schlechten und zum Teil in der biomedizinischen Bildanalyse sehr häufig unvollständigen Konturen ist dies mitunter sehr schwierig bis unmöglich (137).

Ein relativ neuer Ansatz ist die Erstellung von Datenbanken mit webbasierter Annotation von Objekten (99). Der Vorteil hierbei ist, dass sehr viele Benutzer sehr häufig das gleiche Objekt definieren. Dadurch erhöht sich die Genauigkeit der Daten. Weiterhin werden die annotierten Objekte noch mit Wörtern definiert, was den Kontext der Bilder näher beschreibt.

1.6 Modellierung

Um das Wissen der Anwender auf Softwaresysteme abbilden zu können, wird z.T. versucht, dies anhand von menschlichen Wahrnehmungsstrategien abzuleiten. Diese implizieren dann eine Anforderung an das System (105). So sollte eine Gruppierung von einzelnen Merkmalen zu komplexeren Gruppen erfolgen:

- Eine allgemeine Beschreibung sollte verwendet werden.
- Die Erfassung von wichtigen Informationen sollte zu einer Informationsreduktion führen.
- Es sollten verschiedene Objektinformationen einbezogen werden.
- Selektive Aufmerksamkeit auf wichtige Informationen.

Dabei stellt sich auch die Frage danach, welche Informationen man reduzieren kann, da sie nicht relevant für die Problemlösung sind. Dieser Abstraktionsgrad sollte sich nach der jeweiligen Aufgabenstellung und den zur Verfügung stehenden Merkmalen der genutzten Modelle richten (91).

Die Modellierung sollte immer spezifisch für eine Aufgabenstellung erfolgen. Das erstellte Modell sollte dabei alle notwendigen Beschreibungen enthalten, aber gleichzeitig auch die Variationsbereite der Datensätze berücksichtigen.

Sowohl bei der semi- als auch bei der vollautomatischen Methode wurde aus diesem Grund versucht, gewisses Vorwissen in die Systeme und Methoden einzubauen (wissensbasierte BV). Dabei ist eine Schwierigkeit, welches Wissen wirklich relevant ist und welche Informationen keine Vorteile bringen (127). Eine Lösung stellt die Analyse des Bildkontextes dar. Dabei wird eine Beschreibung des Bildes benötigt. Aus dieser Beschreibung kann dann eine geeignete Analysestrategie ausgewählt werden. Diese Methodik ist als modellbasierte BV beschrieben (127) (124). Diese erfolgt nach folgenden Schritten:

1. Bestimmung des Bildkontextes
2. Auswahl des Referenzmodells
3. Anpassung der Segmentierparameter
4. Abschließend die Segmentierung

Den Problemlösungsansatz erhält man durch Case-based Reasoning. Dabei wird aus zuvor segmentierten Datensätzen die zum Problem ähnliche Lösung gesucht und auf das aktuelle Problem angewendet. Dabei wird versucht, das Bildmaterial genauso zu segmentieren, wie die Referenzbilder. In dem vorgeschlagenen Verfahren werden für die Bestimmung des Bildkontextes folgende Parameter verwendet: Bildmodus (CT, MRT), Organe im Bildmaterial und Darstellungseigenschaften (Kanteneigenschaften).

Dieses Verfahren birgt folgende Nachteile: Die Bestimmung des Bildkontextes bezieht sich nur auf Patientenfälle und ist nicht auf allgemeine Bildanalyseprobleme, wie zum Beispiel die Zellsegmentierung (Mikroskopie), zugeschnitten. Ein Kontext ist jedoch oft domänenspezifisch. Eine Beschreibung, die zwischen den Domänen ausgetauscht werden kann, ist aber häufig schwierig. Eine domänenübergreifende Zusammenarbeit hätte jedoch einen großen Vorteil, der nicht genutzt wird. Lösungen aus ganz unterschiedlichen Bereichen (Mikroskopie, MRT, CT, makroskopische Fotografie,..) werden dadurch nicht ergänzt.

Auch wurde die Methode nur für ein Segmentierverfahren beschrieben (Snake). Gerade hier aber liegt das Problem für den Anwender. Welche Segmentiermethode ist die beste? Auch gehen die subjektiven Eigenschaften der benutzten Werkzeuge nicht mit in die Lösung ein. Die Vorverarbeitungsschritte, um zu dem Ergebnis zu kommen, werden nicht berücksichtigt. Warum wählt ein Benutzer gerade dieses Verfahren? Warum nicht andere? Kennt der Benutzer die anderen Verfahren? Was sind die Vorteile und was die Nachteile der betreffenden Segmentiermethode?

Es wird auch kein Feedbackmechanismus für die Bewertung der Lösungsansätze beschrieben. Ob und wie gut die Anwendung der Segmentierparameter auf das Problembild ist, wird nicht mit einbezogen. Dadurch fehlt der entscheidende Rückkopplungsmechanismus, mit dem das Verfahren optimiert und ständig verbessert werden könnte.

Beispiele für Modellannahmen zur Beschreibung von Objekten:

- Geometrische Relationen
- Lage im Raum
- Winkeltreue
- Paralleltreue
- Abstandstreue
- Geradentreue
- Geometrische Transformation
- Nachbarschafltsrelationen
- Verbundenheitsbeziehungen
- Enthaltenseinbeziehungen
- Färbung / Intensitätstreue

Im Einzelnen werden dabei folgende Parameter zur Modellbeschreibung benutzt:

- Größe der Objekte (73) (58) (139) (130) (21)
- Geschlossene / offene Konturen (37) (133) (4) (18)
- Gestaltannahme:
    - Statische Modelle durch intensive Benutzerinteraktion (41) (44) (62) (66) (29)
    - Anwendung von anatomischen Atlanten (23) (30) (39) (22)
    - Beschreibung der Gestalt über Templates (36) (134) (98) (94)
    - Angabe der Variation der Gestaltparameter (102)
    - Beschreibung in Form einer Gleichung (17)
    - Verwendung von impliziten Oberflächen (113)
- Annahmen über die Beziehung von Objekten (28) (72) (11) (34) (104)

1.7 Validierung

Ein weiterer Aspekt ist die Validierung der Segementiermethoden durch den Benutzer oder automatische Testmethoden. Um dies objektivierbar zu machen, benötigt man eine Problem- oder Testdatenbank. Hierbei besteht das Problem, dass die manuell segmentierten Objekte durch Experten oft Unsicherheiten durch inter- und intra-Variabilitäten enthalten (92). Dies wurde dadurch zu lösen versucht, indem man einen sogenannten „latenten Goldstandard" benutzt (132) (141) (131). Ein weiterer Ansatz ist es, sich auf eine Referenzdatenbank zu einigen. Dazu gibt es eine Initiative der Working Group on Medical Image Processing (WG MIP) (48) (49) (46) (46). Das Ziel hierbei ist es, eine medizinische Bilddatenbank zu erstellen, die es ermöglicht, Methoden und Systeme vergleichbar zu machen. Aktuell gibt es schon teilweise Bilddatenbanken, die dem Konzept der EFMI Initiative sehr nahe kommen, dennoch nicht koordiniert kooperieren (9):

- Lung Image Database (LID)
- Digital Database for Screening Mammography (DDSM)
- Mammographic Image Analysis Society (Mini-MIAS)
- ERUDIT PapEnear Tutorial
- Medical Image Reference Center (MEDIREC)
- Simulated Brain Database (SBD)
- Biomedical Informatics Research Network (BIRN)
- LONI Image Database

Diese Testdatenbank sollte eine ausreichend hohe Anzahl an Problemstellungen enthalten. Zum aktuellen Zeitpunkt gibt es nur medizinische Bilddatenbanken, die nicht validiert sind und eine nicht ausreichend hohe Anzahl von Problemen enthalten (8). Dennoch wurde versucht, Datenbanken zu erstellen, die Ergebnisse der Segmentierung durch Menschen mit den Ergebnissen von automatischen Algorithmen vergleichen (74). Dessen Schwerpunkt liegt jedoch nicht auf medizinische Themen. Ein Problem dieser Datenbank ist, dass nicht das korrekte Ziel bzw. Ergebnis definiert wurde. Sie vergleichen nur die gefundenen Segmente durch Wertung der Kantendetektion.

Bei der Validierung einer Segmentiermethode stellt sich auch das Problem der Definition von „richtig" segmentierten Objekten. Eine Möglichkeit ist die Definition der Fehlerrate als Quotient aus der Anzahl falsch klassifizierter Pixel zur Anzahl der gesamten Pixel, die nicht segmentiert wurden (8).

(119) (118) definieren drei verschiedene Faktoren für die Power einer Segmentiermethode:

- Reproduzierbarkeit bzw. Reliabilität
- Genauigkeit
- Effizienz.

Dabei spielt vor allem die Genauigkeit eine große Rolle für die Validierung. Genauigkeit definiert als der Unterschied zwischen dem Segmentationsergebnis und einer Referenz (92).

In den letzten Jahren werden auch zunehmend Phantome benutzt (143) (20). Diese können je nach Einsatzzweck real oder virtuell sein. Diese können für die quantitative Validierung Kalibrierung und Qualitätssicherung benutzt werden (142) (122) (65). Ein Problem hierbei ist jedoch, dass es noch sehr wenige Datenbanken mit Phantomen gibt.

Trotz der Tatsache, dass eine große Anzahl an Methoden zur Validierung der Segmentierung publiziert worden sind, gibt es keinen Konsens darüber, welche standardmäßig benutzt werden sollten (92). Als Lösungsansatz wird eine domainspezifische Validierung der Segmentationsergebnisse vorgeschlagen (119) (54).

Als eine der wenigen Arbeiten beschäftigt sich (84) mit der subjektiven Bewertung der Segmentiermethode durch den Benutzer selbst. Bei dieser Arbeit wurde durch den Benutzer die Benutzerfreundlichkeit und Segmentierungsqualität bewertet.

Grundsätzlich können zwei verschiedene Arten von Validierungsmaßstäben benutzt werden: Güte- und Abweichungsmethoden (14). Dabei ist nur die Abweichungsmethode für die medizinische Domäne von Relevanz. Hier stellen die folgenden Fragen die wichtigste Grundlage:

- Was ist der Unterschied zwischen der gewünschten und der erreichten Segmentierung?
- Welche Auswirkung hat diese Abweichung klinisch?
- Wie robust ist der Algorithmus in Bezug auf anatomische und bildspezifische Schwankungen?

Bei der Abweichungsmetrik wird sehr häufig der DSC (Dice Similarity Coefficient) genannt (24). Alternativ dazu gibt es geometrische Parameter wie zum Beispiel den Abstand zwischen den Objekten (volumen- oder kantenorientiert) (97) (40). Weitere Validierungsmaße sind:

- Recevier Operating Characteristics (ROC) (67)
- Gini-ROC (32)
- C- Factor (92)

1.8 Der Analyse- und Segmentierprozess

Betrachtet man nun aber den gesamten Prozess der Bildanalyse, so stellt die Segmentierung einen wichtigen, aber nicht isolierten Schritt dar. Dieser Prozessschritt erfolgt in einer Abfolge von Schritten. Dabei wird in der heutigen Literatur oft die Segmentiermethode isoliert dargestellt (78). Das Ziel sollte jedoch eine Integration in bestehende Arbeitsabläufe der Benutzer sein. Betrachtet man den Ablauf des Bildanalyseprozesses isoliert, so ergeben sich folgende Probleme (91):

- Einschätzung der Bildqualität. Hierbei muss abgeschätzt werden, ob bestimmte Vorverarbeitungsschritte notwendig sind und wenn ja, welche und mit welchen Parametern.

- Welche Bildinformation ist am besten zur Lösung der Aufgabenstellung geeignet. Durch Reduktion der Bildinformation sollte eine Reduktion der Komplexität erfolgen. Hierbei sollte auch eine Auswahl der infrage kommenden Methoden erfolgen unter Abwägung der Vor- und Nachteile inklusive der Parametrisierung.

- Evaluierung der Ergebnisse. Entspricht das Ergebnis den Erwartungen? Dabei ist vor allem darauf zu achten, dass ein Feedback auf die Parametrisierung erfolgt.

Ein Blick in die Literatur zeigt, dass sehr viele Lösungsansätze sehr spezifisch für ein Problem sind. Auf der einen Seite befinden sich die zahlreichen Veröffentlichungen zu den Methoden und Verfahren. Das Problem, das hierdurch entsteht, ist, dass das generalisierte Wissen dafür fehlt, warum man wann welche Methode einsetzt. Oft werden die Lösungen nicht von Benutzern selber erstellt, sondern von (medizinischen) Informatikern oder anderen Programmierern. Es fehlt aber eine abstrahierte Beschreibung von Problem und Lösung.

In der Literatur wird bei der Beschreibung der verschiedenen Segmentiermethoden der Schwerpunkt sehr stark auf den technischen Teil und weniger auf den Interaktionsteil gelegt (86). Die Beschreibung der Interaktion mit dem System wird aber als ein sehr wichtiger Schritt zur Verbesserung der Segmentierung angesehen.

(86) teilen den Interaktionsprozess in zwei Teile auf. Den rechnerbetonten und den interaktionsbetonten Teil. Im rechnerbetonten Teil werden vor allem Parameter, die vom Benutzer oder System ermittelt werden, angewendet. Im interaktionsbetonten Teil wird das Ergebnis aus dem rechnerbetonten Teil dem Benutzer visualisiert. Dadurch soll es dem Benutzer ermöglicht werden das Ergebnis zu bewerten. Hauptinteraktionsfläche ist hierbei das GUI (Graphical User Interface). Hierbei wird aber nicht detailliert darauf eingegangen, wie das User Interface im Detail aussehen sollte.

Im interaktionsbetonten Teil erfolgt die Bewertung des Ergebnisses durch die folgenden Parameter: subjektive und objektive Genauigkeit, Wiederholbarkeit (intra- und interindividuell) und Effizienz (117). Bei den Typen der Benutzerinteraktionen mit dem GUI werden folgende Punkte unterschieden: Parametereinstellung, Zeichnen von Objekten auf der Bildfläche und Auswahl aus vorgegebenen Optionen.

(33) unterteilt den Analyseprozess in drei Teile: Initialisierung, Rückkopplung und Evaluierung. Die Initialisierungsphase wird bei fast allen Arten von Segmentiermethoden benutzt. Dazu gehört: Die Eingabe von Parametern, Vorverarbeitung der Bilder und die Komplexitätsabschätzung. Bei der Rückkopplungsphase interagiert der Benutzer direkt mit dem System um die Parameter direkt an das gewünschte Ergebnis anzupassen. Hierzu gehören auch interaktive Korrekturen. In dem dritten und letzten Schritt der Evaluierungsphase, wird das Endergebnis begutachtet und nach der objektiven und subjektiven Zufriedenheit entschieden, wie weiter vorgegangen werden soll.

Der automatische Prozess wird dabei wie folgt beschrieben: Initialisierung, Parametereingabe durch den Benutzer, Analyse durch den Rechner, Anzeigen der Ergebnisse und Validierung durch den Benutzer. Dabei wird in folgende zwei Subgruppen unterteilt:

- Regelbasierte Systeme und lernende Methoden. Bei den regelbasierten Systemen, z.B. automatischer Schwellenwert wird auf a priori Wissen zurückgegriffen. Hierbei ist die Benutzerinteraktion oft sehr gering. Sie beschränkt sich vor allem auf die Validierung der Ergebnisse. Ein großer Nachteil hierbei ist, dass der Algorithmus sehr abhängig von der Qualität der Regeln ist. Häufig ergeben sich dann Probleme bei der Analyse von Bilddaten, die stark im Vergleich zu dem Trainingsdatensatz variieren.

- Bei den lernenden Systemen versucht der Algorithmus sich ständig selber zu optimieren. Hierbei wird sehr oft eine Wahrscheinlichkeit für die Zugehörigkeit von Pixeln, z.B. mit neuronalen Netzen, zu Objekten berechnet. Während der steigenden Anzahl von Analysen wird so der Algorithmus immer besser. Ein Problem hierbei ist, dass eine große Menge an Daten verarbeitet werden muss, um den Algorithmus optimal zu trainieren.

Wenn die automatischen Methoden versagen, wird häufig auf semi-automatische Methoden zurückgegriffen. Hier steigt der Interaktionsaufwand für den Benutzer merklich im Vergleich zu den automatischen Methoden. Die Interaktion ist nicht unterteilt in Teilschritte, sondern ein kontinuierlicher Prozess. Der Benutzer bekommt eine online Vorschau der Auswirkungen seiner Interaktionen. Parameter werden hierbei oft on-the-fly verändert. Dies kann aber unter Umständen den Benutzer auch überfordern, oder zu Fehlern führen. Diese Methode ist auch wesentlich anfälliger für Ermüdungen des Benutzers als der automatische Prozess. Auch sind die inter-individuellen Unterschiede größer.

Ein neuer Ansatz ist die Kombination der Methoden (53) (57) (51) (16). Erst wird versucht, das Bild automatisch zu analysieren, um dem Benutzer dann aber interaktiv mit semi-automatischen Methoden eine Korrektur zu ermöglichen. Dabei ergibt sich aber, dass die Variabilität zwischen den Benutzern sehr hoch ist.

Bei allen Arbeiten wurde immer wieder darauf hingewiesen, dass einer der kritischsten Punkte ist, welche Informationen dem Benutzer angezeigt werden. Dabei sollte ein hoher Wert auf die Kommunikation mit dem Benutzer gelegt werden. Welche Informationen sind sinnvoll und welche sind überflüssig. Das Problem hierbei ist, das Wissen des Benutzers richtig abschätzen zu können. Ein weiterer kritischer Punkt ist die Eingabe von Parametern (33). Hierbei sollte die Eingabe des Benutzers prinzipiell als korrekt angesehen werden. Aber das System sollte dem Benutzer Informationen geben, was diese Parameter bedeuten und welche Auswirkungen sie haben. Zusammenfassend lassen sich folgende Punkte, die den Interaktionsprozess entscheidend beeinflussen, beschreiben:

- Erfahrung und Wissensstand der Benutzer (ist adäquates Wissen vorhanden?)
- Komplexität der Daten (Variabilität)
- Menge an a priori Wissen, die vorhanden ist
- Robustheit der Methode (können unvorhersehbare Daten bearbeitet werden?)

Zur Abschätzung wird ein Faktor vorgeschlagen: Datenkomplexität (1-4 Punkte) + Wissensstand des Benutzers (1-4 Punkte) + Künstliche Intelligenz (1-4 Punkte) + Verfügbares a priori Wissen (1-4 Punkte) + Anzunehmendes Level der Benutzerinteraktion (1-4 Punkte). Dabei ergibt sich ein Ranking zur Abschätzung der Höhe der Benutzerinteraktion von 4 bis 12 Punkten.

Bis zum heutigen Tag gibt es keinen klaren Benchmark für die Evaluierung von Segmentierergebnissen. Im Moment ist die Bewertung durch den Experten immer noch der Goldstandard (33).

1.9 Anforderungen an die Werkzeuge

Immer wieder wird gefordert, dass die Bildanalysewerkzeuge an das Wissen der Biologen bzw. Mediziner angepasst werden sollten (91) (127). Sehr stark betont wird hier der Aspekt der Akzeptanz durch den Benutzer. Zentrale Aspekte sind hierbei die Bedienbarkeit, die Transparenz für die Ergebnisfindung und der Interaktionsaufwand.

Häufig liegt das Problem in der Interaktion mit den Werkzeugen und in der Nachvollziehbarkeit der Effekte. Entscheidend dabei ist sehr oft die Parametrisierung. Welche Parameter machen Sinn? Welche Parameter haben welches Ergebnis zur Folge? Hier wird oft vorgeschlagen, einen möglichst sinnvollen Parametersatz vorzugeben und diesen dann interaktiv vom Benutzer anpassen zu lassen (86).

Allgemein kann der Bildanalyseprozess in folgende Schritte aufgeteilt werden:

1. Definition von Aufgabe und Ziel
2. Gewinnung der Bildinformation
3. Sammlung von a priori Informationen
4. Entwicklung von Modellvorstellungen
5. Auswahl des geeigneten Verfahrens
6. Anwendung der Verfahren
7. Analyse und Auswertung der Ergebnisse

1.10 Auswahl des Segmentierverfahrens

Zu Beginn der Bildanalyse steht der Schritt der Informationsgewinnung. Dabei sollten alle zur Problemlösung relevanten Informationen aus den Bildern ausgelesen werden (91). Dabei können folgende Informationen a priori gewonnen werden. Metainformationen, Informationen über die Qualität des Abbildungsprozesses (SNR, Kontrast, und andere), Informationen über die Abgrenzbarkeit von Objekten (Kanten, Texturen, Grauwertverteilung).

Sind alle Informationen vorhanden, kann damit schon eine Auswahl von in Frage kommenden Segmentierverfahren dargestellt werden. Dabei sollte jedoch stets darauf geachtet werden, dass dies immer unter dem Aspekt der Aufgabenstellung geschieht. Diese Vorauswahl kann dann mit dem vorhandenen Modellwissen kombiniert und damit weiter verbessert werden.

1.11 Contextual Design in der Medizin

Contextual Design wurde erstmals von (6) beschrieben. Dabei wird versucht, das Fachwissen der Benutzer über eine methodisch standardisierte Abfolge von Schritten in eine strukturierte Beschreibung zu fassen. Dieses Wissen soll es den Entwicklern ermöglichen, ein optimal auf die Benutzeranforderungen abgestimmtes Produkt zu erstellen. Die essentiellen Schritte dabei sind: Datensammlung, Modellierung und Konsolidierung.

Bisher wurde die Methode des Contextual Design auf dem Gebiet der Medizin in den folgenden Bereichen eingesetzt.

- Erstellung eines Programms für ein Schwestern Informationssystem (95)
- Design eines Medikamentensystems für Intensivstationen (114)
- Design eines Telekardiologiesystems (38)
- Analyse von Dokumentenworkflowprozessen (128)
- Methoden für die Analyse von mobilen KH-Informationssystemen (108)
- Analyse von kognitiven Artefakten in der Medizin (135)
- Anwendung von Userdesign auf große IT- Systeme (90)
- Evaluierung eines Systems zur effektiven Zusammenarbeit von biomedizinischen Forschungseinrichtungen (103)
- Design eines klinischen Informationssystems (96)
- Erarbeitung der Anforderungen von Ärzten an ein Krankenhausinformationssystem (19)
- Design von Pflegeinformationssystemen (112) (109)
- Erstellung eines medizinischen Entscheidungsystem für PALM Geräte (116)

Aktuell wird nur in einem Artikel die Anwendung einer strukturierten Benutzerbefragung für Radiologen beschrieben (120). In diesem Artikel wird ein System für die Entscheidungsfindung beschrieben. Es findet sich jedoch kein Hinweis auf die Methode des Contextual Designs. Im Bereich der medizinischen Bildanalyse konnte kein Artikel gefunden werden.

2 Beitrag zur Verbesserung auf dem Gebiet der Segmentierung

Die nachfolgenden Punkte sollen die Konzepte für die Verbesserung der Segmentierung auf dem Gebiet der medizinischen Informatik näher beschreiben.

- Durchführung einer Studie zur Untersuchung des Benutzerverhaltens mit dem Schwerpunkt auf der Segmentierung von Bildern im Analyseprozess von Bilddaten mithilfe der Methode des Contextual Designs. Hierbei soll analysiert werden, wie die Benutzer aktuell Probleme lösen, welche Werkzeuge und Methoden sie benutzen. Wo liegen die Probleme und Schwächen in den Strukturen und Prozessen.

- Konzeptionierung und Erstellung eines Prototyps für eine Referenzbilddatenbank für biomedizinische digitale Bilddatensätze „Referenzbilddatenbank". Dabei sollen alle Modalitäten eingebunden werden (CT, MRT, PET, Mikroskopie, Makroskopische Bilder usw.). In dieser Datenbank sollen dann zu jedem Bild folgende Daten gespeichert werden:

    - Kontakt des Erstellers
    - Modalität des Bildes
    - Beschreibung der Problemstellung mit Bilddaten und Bildobjektbeschreibung. Dies sollte möglichst domänenunabhängig und modellbasiert geschehen.
    - Die Bilddaten
    - Benutzter Lösungsansatz (Segmentiermethode) inklusive Parameter
    - Subjektive Bewertung der Analyseergebnisse und Probleme

- Konzeptionierung und Erstellung eines Prototyps für eine Datenbank zur Kategorisierung und Beschreibung von verfügbaren Segmentierwerkzeugen und Methoden: „Segmentiermethodendatenbank". Hierbei sollen die aktuellen und in Zukunft verfügbaren Werkzeuge gesammelt werden. Dies soll in einer strukturierten Form erfolgen. Das hat den Vorteil des schnellen Überblicks über die verfügbaren Methoden im direkten Vergleich. Dabei sollen folgende Parameter schwerpunktmäßig betrachtet werden:

    - Vorteile und Nachteile der Methoden
    - Notwendige Parameter und Einstellungen
    - Bekannte Probleme und Einschränkungen
    - Eignung für bestimmte Bildobjekttypen
    - Subjektive Benutzerbewertungen
    - Verfügbare Software oder Prototypen
    - Literaturquellen

- Konzeptionierung und Erstellung eines Prototyps für die Segmentation von Bilddatensätzen „Image Object Describer“. Dieser Prototyp soll anhand von interaktiven und automatischen Parametern dem Benutzer einen Vorschlag für eine optimal zu dem Analyseproblem passende Segmentiermethode erstellen. Die Erstellung der Vorschläge erhält die Daten aus der Segmentiermethodendatenbank. Hat der Benutzer die gewünschte Methode benutzt und seine Bilder analysiert, sollen diese Ergebnisse anschließend in die Referenzbilddatenbank zurückfließen. Somit soll eine Verknüpfung zwischen den Methoden und den Problemstellungen geschaffen werden.

- Validierung der erstellten Prototypen mit Benutzern anhand von realen Bilddatensätzen.

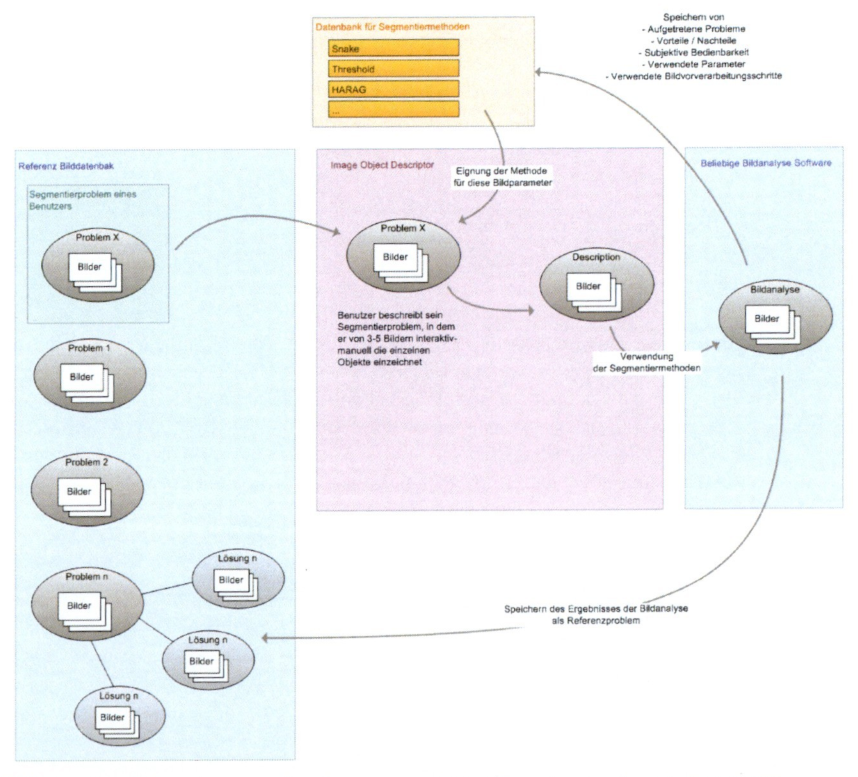

Abbildung 1: Darstellung des generellen Konzeptes und Workflows der einzelnen Komponenten.
Ein beliebiges Problem aus der Referenzbibliothek wird mit Image Object Describer analysiert. Dadurch erhält der Benutzer eine Beschreibung, die das Analyseproblem objektiver erklärt. Diese Beschreibung beinhaltet auch einen Vorschlag an Segmentiermethoden. Diese Methode, kann nun auf das Problem angewendet werden. Ist das Bild analysiert worden, kann das Ergebnis in der Referenzbilddatenbank gespeichert werden.

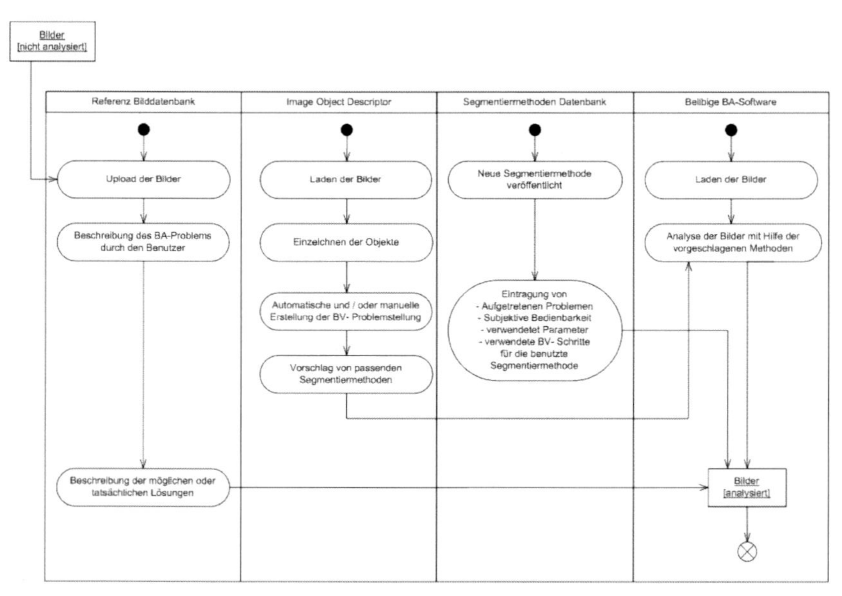

Abbildung 2: Darstellung des generellen Konzeptes und Workflows der einzelnen Komponenten in UML-Notation.

In dieser Darstellung ist der Ablauf in vier Spalten unterteilt. Diese Spalten zeigen die Objekte der Interaktion. Der Startpunkt für die Interaktion kann unabhängig voneinander in allen einzelnen Spalten liegen. Dargestellt ist dann der weitere Ablauf. Das Endziel sollte immer ein analysiertes Bild sein.

3 Material und Methoden

3.1 Übersicht

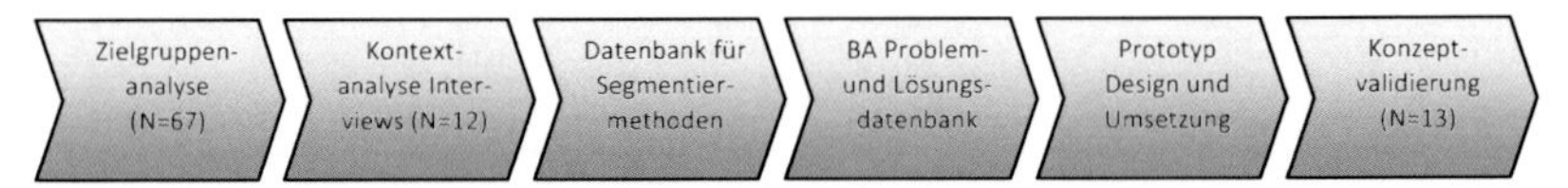

Abbildung 3: Zeitliche Abfolge der eingesetzten Methoden.

In Abbildung 3 sind die einzelnen eingesetzten Methoden in der Übersicht dargestellt. Zu Beginn wurde eine webgestützte Zielgruppenanalyse mit 67 Personen durchgeführt. Daraufhin folgte eine Kontextanalyse mit Interviews von 12 Personen aus den unterschiedlichsten biomedizinischen Bereichen, die Bildanalyse in Ihrer täglichen Arbeit benutzen. Aus diesen Ergebnissen folgte die Erstellung einer Datenbank für Segmentiermethoden mit einer ausführlichen Beschreibung jeder einzelnen Segmentiermethode. Auf der gleichen Webplattform aufbauend erfolgte die Implementation einer Problemdatenbank mit der Möglichkeit dazu passende Lösungen eintragen zu können. Anschließend wurde mit Hilfe von VBA ein Prototyp designt und implementiert. Dieser Prototyp wurde abschließend mit den Datenbanken zusammen von 13 Personen in einen Interview mit nachfolgenden Fragebogen validiert.

3.2 Durchführung einer Zielgruppenanalyse im Bereich der Mikroskopie

Wer sind denn die typischen Benutzer, die Bildanalyse in der Mikroskopie betreiben? Wie alt sind die Personen, was sind typische Analyseaufgaben? Um diese Fragen zu beantworten, wurde eine Onlineumfrage durchgeführt. Dabei wurde ein Fragebogen zum Selbstausfüllen erstellt.

Dieser Fragebogen (siehe Seite 184) gliedert sich in drei Teile:

- Allgemeine Informationen über den Benutzer
- Informationen über die Bildaufnahme
- Informationen über die Bildanalyse

Mit dem ersten Teil sollten allgemeine Informationen über die Benutzer von Bildanalysesystemen erhalten werden. Dabei waren vor allem das Alter, das Geschlecht und der Ausbildungsstand von Interesse. Im zweiten Teil wurden dann sehr speziell auf die Mikroskopie abgestimmte Fragen zur Bildaufnahme gestellt. Wichtig hierbei war es die verschiedenen Aufnahmenmethoden und Verfahren zu erfassen. Weiterhin wurden aber auch Fragen zu dem Bild selbst gestellt, wie etwa die Bildgröße oder die Dimensionalität der Bilddaten. Eine graduelle Unterscheidung wurde aufgrund der Häufigkeit der Benutzung erfragt. Im dritten Teil, der die Bildanalyse untersuchte wurden nun genaue Fragen zu den Inhalten der Bilder gestellt. Wichtig in diesem Teil war auch die Frage, was denn das Ziel der Bildanalyse sei und welche Messparameter von Interesse seien.

Diese Umfrage hatte eine Laufzeit von 4 Monaten. Während dieser 4 Monate konnten alle Benutzer Ihre Stimme abgeben. Um die Anzahl der Teilnehmer zu erhöhen, wurde in den einschlägigen Foren und Mailinglisten dafür Werbung gemacht. Insgesamt haben an der Umfrage 67 Personen teilgenommen. Der Schwerpunkt lag dabei auf dem Bereich der Mikroskopie.

3.3 Durchführung einer Kontextanalyse

Contextual Design ist eine Methode zur Definition von Software und Hardware Systemen auf der Basis von Kundendaten. Dabei werden einzelne Kunden im Detail untersucht, um ein Verständnis für die gesamte Menge der Benutzer zu bekommen. Diese Daten sind dann Entscheidungsgrundlage für das Systemdesign. Es hilft zu erkennen, wie die Kunden arbeiten und dies strukturiert zu kommunizieren.

Durch die Größe von Organisationen wird der Kontakt zwischen Entwicklern und Kunden immer geringer. Entwickler wollen immer das bestmögliche für den Kunden erreichen, wissen aber oft nicht wie. Dazu fehlen Ihnen häufig Informationen über oder von den Kunden. Eine Beteiligung von Kunden am Entwicklungsprozess selbst kann hier aber oft nicht weiter helfen. Häufig erschweren diese sogar die Abläufe. Die Arbeit von Benutzern selber ist jedoch oft wesentlich komplexer als sie selbst beschreiben, da sie zur Vereinfachung neigen.

Contextual Design ermöglicht eine strukturierte Analyse der Arbeitsweise von Personen. Der Schwerpunkt liegt hierbei auf der Sammlung von Daten, die dann als konkrete Anhaltspunkte für Designentscheidungen dienen sollen. Es kann auf der einen Seite dazu dienen bestehende Konzepte neu zu überarbeiten oder Konzepte zu erstellen. Dabei wird ein vorgegebener Ablauf an Schritten durchgegangen. Diese sind ähnlich strukturiert, wie bei einer Zertifikation nach ISO 9000. Ein weiteres Hauptmerkmal des Contextual Designs ist, durch die strukturierte Dokumentation eine einheitliche Kommunikation zwischen Kunden und Entwicklern von Produkten zu schaffen. Der Kunde wünscht häufig eine einfach bedienbare Software, kann aber sehr oft nicht genau verbalisieren, wie diese konkret auszusehen hat. Der Softwareentwickler hat nun das Problem, aus den einzelnen Meinungen ein Produkt zu erstellen, das allen Ansprüchen gerecht wird.

3.3.1 Grundsätze des Contextual Designs

Die vier Prinzipien des Contextual Designs können folgendermaßen eingeteilt werden: Kontext, Partnerschaft, Interpretation, Fokus.

3.3.1.1 Kontext

Der Kontext beschreibt den Arbeitsplatz und die Arbeitsprozesse des Kunden. Wichtig dabei ist es in dem Kontext selbst zu sein und nur diesen zu beschreiben. Es sollte keine Zusammenfassung erfolgen. Es geht hierbei vor allem um das Sammeln von konkreten Daten. Wichtig ist die Erfassung von den dahinter liegenden Strukturen und Denkmodellen. Bestimmte Wörter, die der Kunde sagt, zeigen dies: „Wir machen das immer so." Es geht aber darum, wie es der Kunde in seinem ganz speziellen Fall selbst macht". „Wir bekommen die Berichte immer per E-mail".

3.3.1.2 Partnerschaft

Das Ziel hierbei ist es, ein Verständnis der Arbeitsprozesse zu erlangen. Die Methode des Interviews ist hierbei oft weniger geeignet, da hier der Schwerpunkt durch den Interviewer gesetzt wird. Um dies zu optimieren, sollte der Interviewer immer nach dem Grund für die Aktion des Kunden fragen: „Warum machen Sie das so?". Hierbei sollte dies durch eine abwechselnde Beobachtung und Hinterfragung erfolgen. Dies führt dazu, dass der Benutzer sensibilisiert wird für die eigenen Beweggründe für die Aktion: „Warum mache ich das denn so?". Hierdurch kommt es zu einer partnerschaftlichen Erforschung der Prozesse. Es geht bei diesem Schritt aber nicht um die sture Abarbeitung einer Liste von vorher definierten Fragen.

3.3.1.3 Interpretation

Bei der Interpretation geht es darum zu verstehen, was die Aussagen des Benutzers und die dazu gehörende Aktion des Benutzers bedeuten. Die Ergebnisse der Interpretation führen zu Designentscheidungen. Aus diesen Interpretationen sollten weiterhin auch Designhypothesen erstellt werden. Entscheidend ist nun, dass diese Hypothesen mit dem Kunden ausgetauscht und evaluiert werden, um Missverständnisse zu umgehen. Dadurch kann einer Verzerrung der Daten vorgebeugt werden. Oftmals kann der Benutzer dadurch seine Aussagen weiter verfeinern. Viele Benutzer sind sehr froh über diese Art der Befragung, da Sie vorher noch nie in dieser Art und Weise über Ihre Arbeit berichten konnten.

3.3.1.4 Fokus

Der Fokus beschreibt den Standpunkt, den der Untersucher einnimmt. Er dient dazu, das Gespräch auf ein Themengebiet zu fokussieren. Ein Problem hierbei ist, dass verschiedene Beobachter den Fokus auf verschiedene Dinge legen können. Hierbei ist es dann hilfreich, die Resultate in einer Gruppe nochmals gemeinsam zu interpretieren. Damit kann jeder individuelle Fokus berücksichtigt werden. Die Untersucher lernen damit auch die Schwerpunkte der anderen Untersucher näher kennen. Abbildung 4: Zeigt den allgemeinen Ablauf des Contextual Designs.

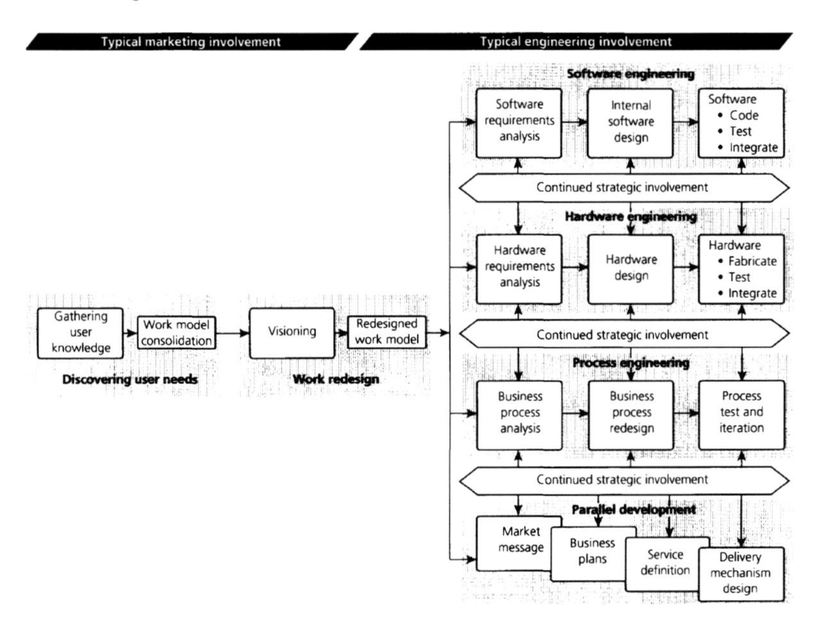

Abbildung 4: Zeigt den allgemeinen Ablauf des Contextual Designs.

Dabei wird nochmals in die zwei Gruppen: Marketing und Engineering eingeteilt. Zu Beginn werden die Anforderungen der Benutzer an das System erforscht. Anschließend ein Redesign Arbeitsmodell erstellt. Danach erfolgt die weitere Bearbeitung in den Bereichen Software, Hardware und Prozess Engineering. Quelle: (6).

3.4 Contextual Design

3.4.1 Schwerpunkte definieren

Bevor man beginnt, sollte man das Problem oder die Fragestellung genau definieren. Was ist die Arbeit, die wir erwarten? Wie ist dieser Arbeitsschritt im gesamten Alltagsablauf integriert? Wer ist dabei involviert? Wer sind die typischen Ansprechpartner? Wer schafft die Arbeit an? Wer liefert die Informationen? Es sollte auch ein Augenmerk auf ähnliche Arbeiten gelegt werden.

3.4.2 Benutzer auswählen

Es sollten ca. 3-4 pro vorher definierte Rollen und in Summe 10 bis 20 Personen untersucht werden. Dabei sollten möglichst unterschiedliche Benutzer interviewt werden. Unterschiede sollten bestehen im sozialem Status, Kulturkreis und der physikalischer Umgebung.

3.4.3 Datenerhebung

Marketinginformationen helfen selten bei Designentscheidungen, da der Schwerpunkt auf den Markt selber gelegt wird und nicht den Prozess der Arbeit definiert. Ein weiterhin genutztes Instrument sind „Kundenvertreter". Das Problem hierbei ist jedoch, dass diese oftmals nur ihre eigene Meinung und nicht die Meinung der Masse vertreten. Auch die Variante Entwickler zusammen mit Kunden zu bringen, führt häufig dazu, dass es viele Lösungen für viele Aufgaben gibt. Aber das „Ganze" wird oft übersehen.

Eine typische Sitzung dauert 2-3h. Dabei wird der Benutzer bei seiner Arbeit an seinem Arbeitsplatz beobachtet. Danach folgt ein Interview mit dem Benutzer, in dem nochmals Details besprochen werden. 10 bis 20 Personen sollten einen guten Überblick über die verschiedenen Aspekte geben. Um Verzerrungen durch den Beobachter zu vermeiden, sollten die Ergebnisse noch mal mit dem Kunden besprochen werden. Dadurch kann auch sichergestellt werden, ob der Beobachter alles richtig verstanden hat.

Das erste Problem zu Beginn einer Untersuchung ist es, den Benutzer zu verstehen. Ziel sollte es sein, den täglichen Arbeitsablauf des Benutzers durch das neue System optimal zu unterstützen. Begonnen wird diese Untersuchung mit einem eins zu eins Interview mit dem Benutzer. Diese Untersuchung wird an dem Arbeitsplatz durchgeführt. Dies soll es ermöglichen, dass sich der Benutzer mental in seiner Rolle fühlt. Entscheidend dabei ist, dass dieses Interview während der Arbeit durchgeführt wird. Nach dem Interview erfolgt eine Auswertung der gesammelten Daten. Diese Auswertung sollte optimalerweise durch ein interdisziplinäres Team erfolgen.

Bei der durchgeführten Untersuchung wurden 12 Personen aus den folgenden biomedizinischen Bereichen interviewt: pharmakologische Immunologie, Zellbiologie, Nuklearmedizin, Radiologie, Kardiologie, Anatomie, Toxikologie und Neuroradiologie. Von den 12 interviewten Personen waren 5 Frauen. Das Alter reichte von 20-40 Jahren. Die Interviews dauerten 1-2 Stunden und fanden an den Arbeitsplätzen der jeweiligen Personen statt.

3.4.4 Arbeitsmodelle

Die Arbeitsmodelle zeigen, wer der Kunde ist, was er tut und wie er mit den anderen Personen interagiert. Es zeigt das Ziel der Arbeit und die Integration in die zugrunde liegenden Arbeitsprozesse. Dies wird durch die verschieden Rollen des Kunden beschrieben. Rollen sind Sammlungen von Aufgaben und Pflichten des Kunden. Menschen definieren ihre Arbeit oft über verschiedenen Aufgaben, die Sie zu erledigen haben. Diese Rollen sind häufig sehr vergleichbar über verschiedene Arbeitsbereiche und Firmenstrukturen. Aus einer Sammlung von verschiedenen Rollen ergeben sich Arbeitsplatzbeschreibungen. Diese Rollen per se verändern sich selten, die Verteilung auf die einzelnen Personen jedoch häufiger. Das Ziel der Arbeitsmodelle ist es, die Rollen der einzelnen Personen zu identifizieren und diese in den Gesamtprozess zu setzten.

Um dies zu erreichen sollte eine Liste der Aufgaben jeder einzelnen Person erstellt werden. Aus dieser Liste sollten dann die einzelnen Rollen extrahiert werden. Oftmals kann es dazu kommen, dass mehrere Personen die gleichen Rollen spielen. Wichtig hierbei ist es, die Rollen und nicht die einzelnen Personen zu beschreiben. 15-20 Benutzer reichen aus, um die grundsätzlichen Muster zu erkennen.

1. Auswahl von 6-9 sehr komplexen individuellen Flussmodellen, die einen möglichst breiten Bereich abdecken
2. Auflistung der einzelnen Aufgaben
3. Identifikation der Rollen für jede Person, Gruppe in den einzelnen Flussmodellen
4. Rollen benennen
5. Sammeln von ähnlichen Rollen von anderen Personen in einer neuen Übersicht
6. Die Rollen sollten neu definiert und zusammengefasst werden
7. Die reale Kommunikation zwischen den Personen sollte nun den Rollen zugeordnet werden

3.4.5 Flussmodell

Arbeit verläuft nie in einer isolierten Umgebung, sondern ist immer in Prozesse eingefügt. Das Flussmodell soll die Kommunikation und Koordination, die für die Arbeit notwendig ist, repräsentieren. Dadurch wird ein Blick aus der Vogelperspektive auf die Strukturen und Abläufe möglich. Bei der Definition sollte man nicht vorzeitige Limitationen durch bestehende Konzepte berücksichtigen.

Inhalt

Kategorie	Inhalt	Grafische Repräsentation
Benutzer	Jeder Benutzer	Kreis
Verantwortlichkeiten	Was wird von dem Benutzer erwartet?	Als Text zu dem Kreis
Fluss	Kommunikation zwischen Benutzern, um die Arbeit durchführen zu können	Pfeile
Objekte	Die Objekte der Interaktion	Text mit Rahmen
Kommunikation		Text ohne Rahmen
Orte	Physikalische Orte	Großer Rahmen
Probleme		Roter Blitz

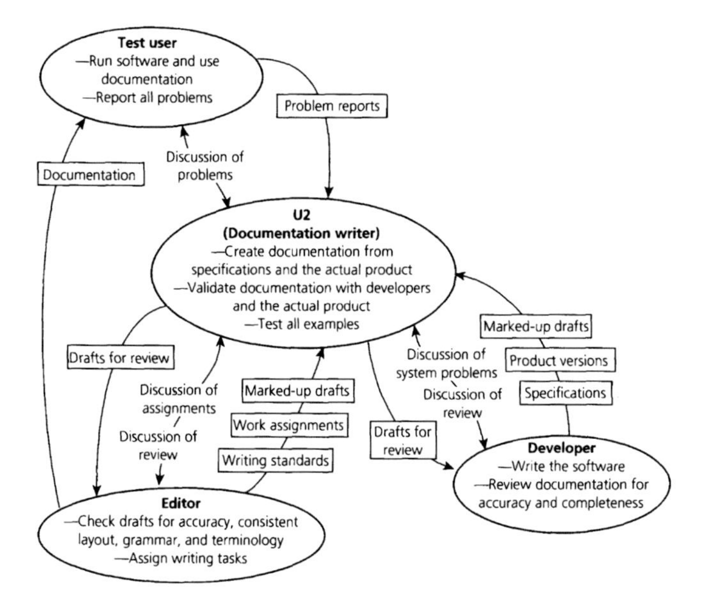

Abbildung 5 zeigt ein Beispiel für ein Flussmodell.

Hierbei soll grafisch dargestellt werden, wie sich die Kommunikation und die Abhängigkeiten der einzelnen Rollen zueinander verhalten. In diesem Beispiel ist gezeigt die Interaktion zwischen einem Testuser, Documentation writer, Editor und einem Developer. Die rechteckigen Kasten zeigen die Aktionen zwischen den einzelnen Personen. Quelle: (6)

Jeder spielt mehr als eine Rolle in der Arbeit. Jede Rolle besteht aus einer Sammlung von Aufgaben und Verantwortlichkeiten. Bei diesem Rollentausch, der oft unerwartet stattfindet, müssen die Abläufe angehalten werden. Später sollte an dieser Stelle ohne Verlust und Aufwand weitergearbeitet werden können. Zum Beispiel könnte ein System versuchen, die erneute Eingabe von Daten zu ersparen. Das System sollte diesen Rollentausch im Arbeitskontext bestmöglich unterstützen. Folgende Punkte können dabei helfen:

- Elimination von redundanter Dateneingabe
- Unterstützung des Rollentausches
- Für die unterschiedlichen Rollen konsistente Interfaces bieten
- Unterstützung bei Unterbrechung des Ablaufs durch Speicherung der Daten

Wenn Personen versuchen zu viele Rollen zu spielen, sind sie häufig damit überfordert. Die Anzahl der Rollenwechsel ist zu groß. In der Arbeitswelt gibt es häufig Personen, die diesen Anforderungen nicht mehr standhalten können und fortwährend an Überlastung leiden. Hier könnte das System durch sinnvolle automatisierte Prozesse die Last reduzieren. Daraus resultieren folgende Möglichkeiten:

- Automatisierung von Rollen
- Elimination / Reduktion der Anzahl von Rollen
- Verlagerung von Rollen auf andere Personen

Wenn viele verschiedene Personen eine Rolle ausüben, teilen sie sich diese. Die Aufgabe des Systems sollte es sein, alle diese verschiedenen Personen bei der gleichen Rolle zu unterstützen:

- Anpassung des Interface Styles an die verschiedenen Benutzer
- Datenrepräsentation sollte an die verschiedenen Benutzer angepasst sein
- Daten sollten intern für die verschiedenen Typen von Benutzern zugreifbar sein
- Beachte die restlichen Rollen, die der Benutzer spielt

Was passiert, wenn man vorübergehend eine Rolle abgeben muss? Was muss derjenige wissen, der die Rolle übernimmt? Hier sollte das Augenmerk auf die Probleme bei der Kommunikation gelegt werden. Kann das System den Kontext, der für die Kommunikation notwendig ist, vermitteln? Mögliche Unterstützung für den Benutzer:

- Kommunikation des gesamten Kontextes der Rolle
- Unterstützung bei der Kommunikation zwischen den Rollen
- Selektive Darstellung der Informationen, die jede einzelne Rolle benötigt
- Automatisierung von Rollen

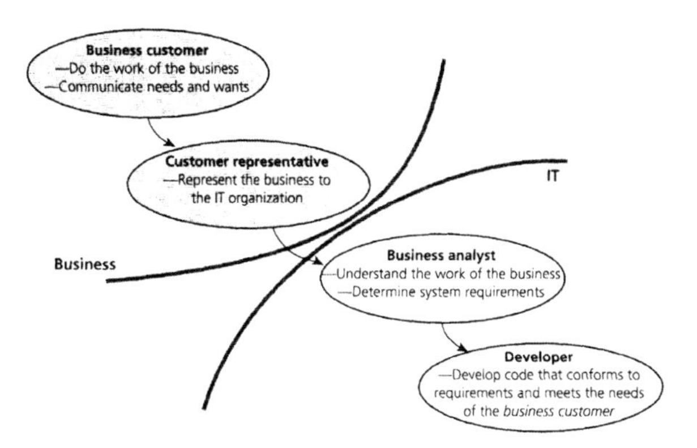

Abbildung 6: Ein Beispiel für die Rollenisolation bei der Arbeit.

Zwei neue Rollen wurden geschaffen, um die Kommunikation zwischen Entwickler und Benutzer zu ermöglichen. Dabei war der Konflikt in diesem Beispiel zwischen der IT und der Buisnessabteilung. Quelle: (6)

Außerdem gibt es noch die Rollenveränderung. Hierbei gibt es verschiedene Möglichkeiten. Die Rollen können eliminiert, automatisiert oder neu organisiert werden. Resultierende Benutzerunterstützungen:

- Berücksichtigung von Rollen Veränderungen
- Berücksichtigung bei der Erstellung von neuen Rollen
- Integration von Business Prozess Designern

3.4.6 Ablaufmodell

Dieses beschreibt den sequenziellen Ablauf der Arbeit. Sehr wichtig hierbei ist der Grund. Das Design sollte immer auf die Absicht des Benutzers ausgerichtet sein. Das Ablaufmodell beschreibt den Step-by-Step Ablauf des Benutzers. Synonyme hierfür sind: Flow Diagramms und Task Analysis. Dabei sollten die Abläufe möglichst konkret beschrieben werden. Der Schlüssel liegt darin, die gemeinsame Struktur in den ähnlichen Abläufen zu finden. Ein besonderes Augenmerk sollte auf Probleme und Verzögerungen gelegt werden. Oftmals gibt es hierbei verschiedene Strategien für dasselbe Problem. Schritte zum Erstellen des Modells:

1. Auswahl von 3-4 Abläufen derselben Aufgabe
2. Suchen nach Ähnlichkeiten
3. Erfassen und Vergleich der verschiedenen Trigger
4. Was sind / waren Probleme?
5. Gibt es einen gemeinsamen Nenner der Abläufe?

Beim späteren Design ist darauf zu achten, dass bei automatisierten Abläufen alle verschiedenen Trigger berücksichtigt worden sind.

Inhalt

Intention	Grund für die Aktion des Benutzers. Warum wird diese Aktion ausgeführt? Was ist das Ziel?
Trigger	Auslöser für die Aktion. Was bewegte den Benutzer dazu, jetzt diese Aktion durchzuführen?
Schritte	Step-by-Step Beschreibung der Aktionen
Probleme	Welche Probleme traten auf

Jeder Ablauf hat ein Ziel. Dieses Ziel besteht aber wiederum aus einzelnen Zwischenzielen. Bei den Zielen kann durch Automatisierung versucht werden diese Abläufe überflüssig zu machen. Es ist aber darauf zu achten, ob auch wirklich alle Ziele trotzdem erreicht werden können, auch die nicht sofort sichtbaren. Wie viel Mehraufwand entsteht durch die Automatisierung? Welche Schritte sind überflüssig? Welche Schritte können automatisiert werden? Wie sind die Auslöser für den Ablauf?

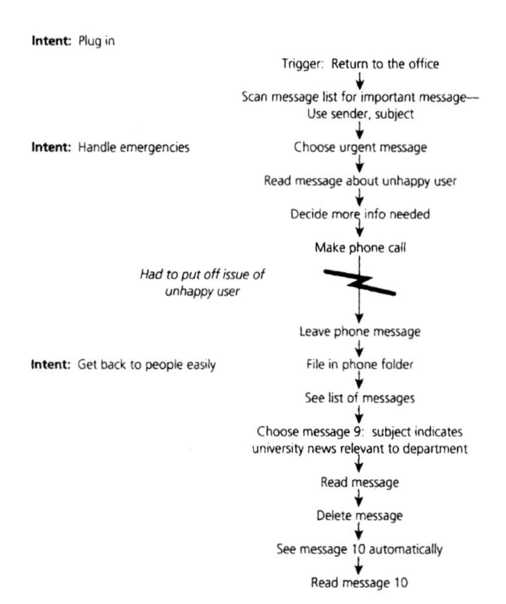

Abbildung 7: Exemplarisches Ablaufmodell für die Bearbeitung von E-Mails.

Dieses Ablaufmodell zeigt die einzelnen Arbeitsschritte an einem spezifischen Tag. Dabei werden sehr detailliert die einzelnen Schritte aufgezeigt. Wichtig bei der Darstellung ist jedoch auch die jeweilige Absicht hinter dem Schritt. Nur mit einer konkreten Absicht wird der einzelne Schritt verstehbar. Quelle: (6)

3.4.7 Objektmodell

Objekte dienen dazu dem Benutzer seine Arbeit zu ermöglichen. Dabei werden mehrmals Objekte auf verschiedene Weisen benutzt. Auf diese sollte besonders geachtet werden. Dies ist notwendig um die Flussanalyse zu erweitern und die Objekte, die benutzt werden, näher zu beschreiben. Können ähnliche Dinge gruppiert werden? Gibt es Gemeinsamkeiten der Objekte? Was ist die Absicht bei der Benutzung der Objekte?

Schritte zum Erstellen des Modells:

1. Einteilung der Objekte nach Gruppen und deren Benutzung
2. Identifiziere Gemeinsamkeiten
3. Wie und warum werden die Objekte benutzt? Warum jetzt? Trigger für diese Aktion?
4. Was sind die Probleme bei der Benutzung?

Inhalt

Repräsentation	Was für eine Bedeutung hat das Hilfsmittel? Wie wird es benutzt?
Teile des Hilfsmittels	Besteht das Objekt aus mehreren kleinen oder einem großen Teil?
Struktur	Einteilungen und Klassen
Annotationen	Beschreibungen
Aussehen	Farbe / Schrift / Größe
Benutzung	Wann wird es erstellt? Wie wird es erstellt?
Probleme	Entdeckte Probleme

Warum gibt es diese Objekte? Diese Objekte müssen es dem Benutzer ermöglichen etwas zu tun. Was ist der Sinn? Welche Informationen beinhaltet es? Ist das Objekt Hardware oder Software? Kann es in der Software abgebildet werden? Das neue Objekt sollte aber nur die Informationen beinhalten, die wichtig sind. Kann diese Information automatisch dargestellt werden? Wie ist die Kommunikation zwischen den Objekten? Sind alle Teile des Objektes sinnvoll und nützlich?

Ein weiterer Aspekt bei dem Objektmodell sind Metaphern. Diese Metaphern ermöglichen es Abstraktionen der Objekte und Abläufe zu erstellen. In den unterschiedlichen Bereichen kann dann nach ähnlichen Problemen und Möglichkeiten gesucht werden. Was ist besser gelöst? Wo gibt es gute Alternativen? Wenn die Möglichkeit besteht, sollten auch hier ein paar Interviews gemacht werden, um diesen anderen Bereich kennen zu lernen.

3.4.8 Arbeitskulturmodell

Arbeit findet nicht in einem emotional luftleeren Raum statt. Es gibt Regeln, Pflichten und Werte. Diese sind häufig schlecht sichtbar und werden sehr selten verbalisiert. Oft sind diese Interaktionen nicht durch die Analyse eines einzigen Arbeitsablaufs zu beschreiben. Wie ist die Stimmung am Arbeitsplatz? Wie ist die Atmosphäre? Wie sieht der Arbeitsplatz aus? Ist er aufgeräumt oder eher chaotisch? Gibt es Vorgaben und Richtlinien? Wer erstellt diese Richtlinien? Wie wird miteinander umgegangen? Es soll mit diesem Arbeitskulturmodell das visualisiert werden, was die Personen nicht erzählen.

Jede Organisation hat ihre eigene Kultur – ihre eigene Art und Weise, wie Dinge getan werden. Wichtig wird dies vor allem beim Design von Produkten für den internationalen Markt. Zu Beginn sollte man damit anfangen, alle Einflüsse zu erkennen. Danach erfolgt eine Gruppierung und Suche von Duplikaten.

Schritte zum Erstellen des Modells:

1. Sammlung von individuellen Einflüssen
2. Gruppierung der Ergebnisse
3. Herausfiltern von Duplikaten
4. Beschreibung der aufgetretenen Probleme

Inhalt

Kategorie	Inhalt	Grafische Repräsentation
Beeinflussende Personen	Zeigen den Einfluss auf die Arbeit. Repräsentieren Einzelpersonen oder Gruppen	Kreis
Stärke des Einflusses		Überlappung der Kreise zeigt die Stärke des Einflusses
Einfluss auf die Arbeit		Pfeile
Probleme		Blitz
Regeln	Beschreiben der arbeitsrelevanten Einschränkungen und Regeln	
Macht	Wer kann wem was sagen?	
Werte	Was sind die Wertvorstellungen?	
Gefühle	Wie fühlen sich die Benutzer bei ihrer Arbeit?	

Ein weiterer wichtiger Aspekt bei diesem Modell sind die durchdringenden Werte. Mit Normen und Werten zu arbeiten bedeutet im allgemeinen, für sie einzustehen oder sie abzulehnen. Sollte man ihnen zustimmen, sollte das System diese einfacher erreichbar machen. Oftmals werden diese Werte durch Leitlinien ausgedrückt. Bei der Analyse sollte man aber darauf achten, dass keine neuen Normen und Werte erfunden werden, wo es keine gibt.

Ein exemplarisches Modell zeigt Abbildung 8 und Abbildung 9.

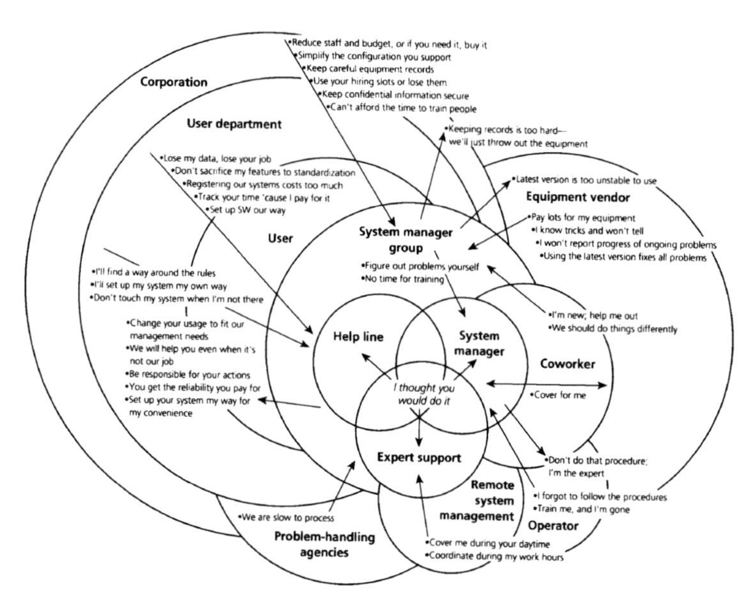

Abbildung 8: Beispiel eines Arbeitskulturmodells für eine Softwarefirma.

Hier gezeigt werden sollen die verschiedenen Einflüsse auf die einzelnen Abteilungen. Dabei zeigt sich sehr schnell, wie komplex das Geflecht ist. Hier kann die Visualisierung aber sehr gut zur Darstellung der Situation verhelfen. Quelle: (6)

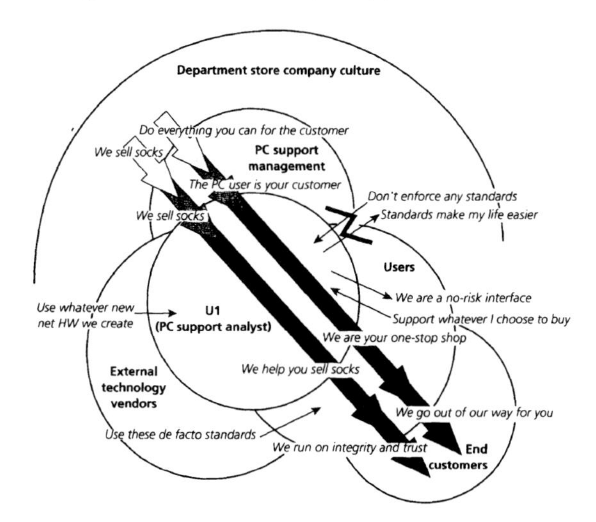

Abbildung 9: Die Abbildung zeigt die Arbeitskultur einer benutzerorientierten Organisation.

Dieses Modell ist typischerweise sehr ausgeprägt, wenn in der Organisation ein sehr hoher Wert auf die Arbeitskultur gelegt wird. Die Pfeile symbolisieren einen durchgängigen Ablauf innerhalb der Organisation. Quelle: (6)

3.4.9 Arbeitsplatzmodell

Die Arbeit findet immer an bestimmten Orten statt. Diese ermöglichen häufig erst die Arbeit oder haben ganz bestimmte Eigenschaften. Der Arbeitsplatz hat sehr häufig Auswirkungen auf das Design des Produktes und ermöglicht den Designern die Limitationen und Einschränkungen zu berücksichtigen. Dabei sollten zuerst die verschiedenen Typen der Arbeitsumgebungen und dann die der einzelnen Arbeitsplätze bestimmt werden. Ebenso wichtig ist die Bewegung der Personen und Objekte in den Räumen. Dieses Modell zeigt die allgemeinen Strategien, wie Menschen ihre Umwelt organisieren, um Ihre Arbeit zu erledigen.

Schritte zum Erstellen des Modells:

1. Gruppieren von physikalischen Modellen
2. Beschreibung der einzelnen Plätze mit den jeweiligen Aufgaben
3. Identifikation der gemeinsamen Struktur
4. Wie ist die Bewegung zwischen den Plätzen?

Inhalt

Arbeitsplatz	Wo wird die Arbeit durchgeführt? Wie viel Platz steht zu Verfügung?
Aufteilung	Wo steht was? Der Tisch? Der Stuhl? Wie sind die Arbeitsplätze untereinander organisiert?
Bewegung	Wo muss man immer hinlaufen? Warum? Was wird immer geholt? Von wo?
Hardware / Software / Tools /	Welche Tools werden benutzt?
Hilfsmittel	Gibt es Hilfsmittel?
Layout	Wie ist der Arbeitsplatz aufgebaut?
Probleme	Wo liegen Probleme?

Wenn Raumaufteilungen zu Barrieren werden, sollte darauf geachtet werden, wie die Kommunikation sich verhält. In der Analyse sollte auch festgehalten werden, was geändert werden kann und was nicht. Was ist in der Reichweite der Arme? Was liegt weiter entfernt? Was ist die Struktur der Arbeitsplatzanordnung? Es geht darum, die Intention der Benutzer zu erkennen und nicht die genaue Anordnung.

Die Bewegung von Personen und Objekten gibt einen weiteren Einblick. Durch die Analyse können Vorschläge für eine Automatisierung gefunden werden. Häufige Bewegung zwischen vielen verschiedenen Systemen zeigt, dass die Arbeit nicht an einer Stelle stattfindet.

3.4.10 Die Interpretation

Ziel hierbei ist es ein gemeinsames Verständnis schaffen. Es sollte in einem Team noch einmal die beobachteten Fälle einzeln durchgegangen und mit den erstellten Arbeitsmodellen verglichen werden. In diesem Meeting sollten möglichst Personen aus verschiedenen Abteilungen teilnehmen. Dies gibt die Möglichkeit, den Kunden aus den verschiedenen Blickwinkeln zu betrachten. Dies führt dazu, dass alle Teammitglieder den gleichen Wissensstand haben. Dieses Meeting sollte maximal 12 Teilnehmer haben. Diese Meetings sollten sehr zeitnah zu den Benutzerinterviews stehen (max 2-7 Tage).

3.4.11 Die Konsolidierung

Das Ziel sollte es sein, ein System für eine Gruppe von Personen zu designen, das dennoch die Bedürfnisse des Einzelnen berücksichtigt. Dies geschieht dadurch, dass versucht wird, die vorliegenden Daten sehr konkret auszuarbeiten. Auf dieser Basis erfolgt dann eine Verallgemeinerung. Viele der Dinge, die die einzelnen Arbeitsprozesse der Personen einzigartig, und damit schlecht vergleichbar machen, sind oftmals nicht wichtig für die allgemeinen Prinzipien und zugrunde liegenden generischen Strukturen. Durch den Fokus auf die einzelnen individuellen Unterschiede sollte man aber nicht den Blick für die Gemeinsamkeiten verlieren. Der Markt sollte eingeteilt werden durch die verschiedenen Typen von Arbeitsabläufen und nicht künstlichen Firmenstrukturen. Die Unterschiede zwischen den einzelnen Kunden sind oftmals nicht zufällig, sondern folgen einer Regel, die es zu erkennen gilt. Diese verschiedenen Variationen sollten in die Modelle mit eingearbeitet werden.

3.4.12 Das Affinitätsdiagramm

Das Affinitätsdiagramm ordnet die einzelnen Aufzeichnungen, die während der Interviews gesammelt wurden, in verschiedene Gruppen. Dabei sollen möglichst ähnliche Aspekte zu einer Gruppe zugeordnet werden und dieser Gruppe dann ein Name gegeben werden und nicht anders herum. Bei der Einteilung der Gruppierung geht es nur um die „Nähe", nicht warum diese Einteilung so gewählt worden ist. Die Gruppennamen sollten, wenn möglich, in der Sprache der Benutzer verfasst werden. Idealerweise erfolgt die Gruppeneinteilung in einer Projektgruppe. Dabei werden oft 50-100 Aufzeichnungen pro Kunde gesammelt. Durch dieses Affinitätsdiagramm erhält man die für das spätere Design wichtigen Elemente.

3.4.13 Kommunikation der Ergebnisse

In großen Organisationen ist es oftmals sehr schwierig, ein gemeinsames Verständnis des Kunden zu kommunizieren. Oftmals ist es aber genau diese fehlende Information, die Projekte scheitern lässt.

Kommunikationstechniken
Menschen nehmen neue Informationen nur sehr schlecht auf, wenn Sie diese nur hören oder lesen. Um den Kunden zu verstehen, müssen sie mit den Daten arbeiten und diese manipulieren. Wichtig dabei ist es auch die Sprache des Adressaten zu sprechen.

Marketing
Marketing konzentriert sich mehr auf demografische Daten als auf Arbeitsweisen der Kunden. Wichtiger ist es ihnen herauszufinden, wer gibt das Geld aus, wer beeinflusst den Markt usw. Marketingspezialisten sind es gewohnt mit Features, Anforderungen und Wünschen der Kunden zu arbeiten. Dabei übersehen sie aber sehr häufig den Blick auf „Das Ganze". Für diese Spezialisten sind vor allem wichtig:

- Objektmodell
- Arbeitskulturmodell
- Ablaufmodell

Kunden
Kunden überdenken sehr selten ihre eigenen Arbeitsprozesse. Dies ist aber oft wichtig um Design Entscheidungen zu fällen. Für sie sind vor allem interessant:

- Objektmodell

Entwickler
Entwickler sind daran gewöhnt vom Marketing Anweisungen wie „Erstelle ein System, das dies kann..." zu erhalten. Die Entwickler sehen es als Ihre Aufgabe, dass alle einzelnen vom Marketing gewünschten Features in einem Framework zusammengefasst werden müssen. Andererseits haben sie immer den Fokus auf die Technologie. Dabei ergibt sich durch diese neue Methode eine veränderte Aufgabe des Entwicklers. Er soll das bestmögliche System für den Kunden aufgrund der Kundendaten und nicht aufgrund seiner eigenen Präferenzen designen.
Für Sie sind vor allem interessant:

- Objektmodell
- Ablaufmodell

Management
Der Fokus des Managements richtet sich weniger auf die Details aller Features, sondern mehr darauf, ob die versprochenen Features zu dem Termin auf den Markt kommen und die garantierte Qualität besitzen. Sehr oft besitzen sie keine Detailinformationen über die Inhalte des Projektes. Vielmehr ist ihnen die Einhaltung von Milestones im Projektablauf wichtig. Eine gute Methode für die Kommunikation sind Powerpoints, da dies ihre häufigste Art der Kommunikation darstellt.

3.4.14 Innovationen

Innovation entsteht immer mit dem Kunden und nicht in der isolierten, vom Benutzer getrennten Welt. Als das erste Tabellenkalkulationsprogramm entstanden ist (VisiCalc) haben die Kunden auch nicht gefragt: „Ich möchte ein Excel haben!". Innovationen entstehen aus Dingen, die Kunden nicht sagen können! Kunden haben selber häufig nur eine limitierte Vorstellung davon, wie die Technik sie unterstützen könnte. Es gibt auch selten eine völlig neue Innovation. Sehr häufig entsteht sie durch die Weiterentwicklung von bestehenden Dingen. Diese Innovation erfolgt also eher evolutiv.

3.4.15 Von den Daten zum Design

Die Ergebnisse lassen nie einen direkten Schluss zu, was nun genau zu tun ist. Was zu tun ist, hängt sehr stark von der Sichtweise des Designteams ab. Wichtig dabei zu wissen: Ein Team kann nur Lösungen schaffen, für die es das notwendige Wissen besitzt. Aber ein Risiko bei gemeinsamen Teams ist, dass einzelne Personen IHREN Standpunkt immer sehr stark in den Vordergrund drängen wollen. Zu Beginn sollte eine Vision stehen. Diese Vision sollte von allen akzeptiert werden. Aber es sollten auch die Vor- und Nachteile dieser Vision protokolliert werden. Eine gute Möglichkeit um diese Vision zu visualisieren sind Storyboards. Sie zeigen, wie bestimmte Abläufe sich in der neuen Welt verhalten.

3.4.16 Arbeitsumgebung Design

Ziel ist es, Strukturen zu designen, die es dem Benutzer ermöglichen seine Arbeit kohärent durchzuführen. Um dies zu ermöglichen, sollten einige Formalismen eingeführt werden:

Inhalt

Schwerpunkt	Sammlung von Funktionen und Objekten in einem bestimmten Umfeld
Ziel / Zweck	Was soll gemacht werden? Mit welchem Ziel?
Funktionen	Liste der möglichen Funktionen
Links	Links zu anderen Dialogen, Bereichen
Objekte	Dinge, die der Benutzer manipuliert
Reglementierungen	Gibt es Vorgaben an Geschwindigkeit, Formen, Hardware?
Offene Punkte	Was ist noch offen?

Diese Art der Darstellung sollte nicht mit dem Storyboard kombiniert werden, sondern nebeneinander existieren. Dadurch ergibt sich eine weitere Sichtweise auf die Abläufe. Dieser Wechsel zwischen Storyboard und dem Design der Arbeitsumgebung hilft beim Design der User Interface Struktur. Die Beschreibung der Arbeitsumgebung beinhaltet Software, Hardware und Dokumente – also alle Aspekte des Systems. Nicht nur die GUI. Es wird nur das dargestellt, mit dem der Benutzer interagiert. Oftmals kann für jeden Schritt beziehungsweise jede Szene im Story Board eine Arbeitsumgebungsfunktion erstellt werden. Dabei sollten auch die Verbindungen zwischen den einzelnen Funktionen sehr genau beschrieben werden.

Ein mögliches Problem bei dieser Methode ist aber, dass es zu einer falschen Einteilung der Schritte kommen kann. Um dies zu umgehen, sollten daher mehrere Storyboards geschrieben werden. Diese sollten dann alle mit dem Arbeitsumgebungsdesign abgedeckt werden.

Die einzelnen Schritte:

1. Storyboard erstellen (high Level Use Case)
2. Ableiten des Designs für die Arbeitsumgebung
3. Erstellen zusätzlicher Storyboards

3.4.17 Walkthroughs

Walkthroughs dienen dazu, mit einem Testfall das Konzept gegen zu testen.

1. Sind die einzelnen Bereiche konsistent?
2. Wird die „reale“ Arbeit korrekt abgebildet?
3. Sind die Verbindungen korrekt?

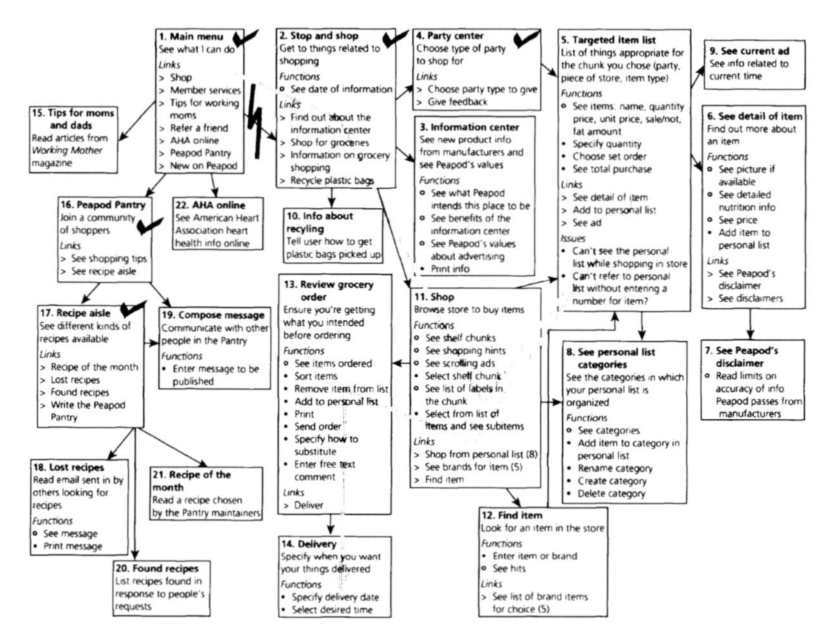

Abbildung 10: Beispiel für ein Walkthrough.

Quelle: (6)

3.4.18 Prototyping

Papier & Pencile Prototypen ermöglichen eine einheitliche Kommunikation des Konzeptes mit dem Kunden. Das Ziel sollte es sein, zu zeigen, was das neue System kann. Mit der Hand gezeichnete Skizzen ermöglichen es, rasch Änderungen durchzuführen. Der reale Prototyp sollte mit realen Kundendaten getestet werden. Dabei sollten reale und / oder neue Aufgabenstellungen bearbeitet werden. Es sollte zu den einzelnen Komponenten jeweils eine GUI Funktion „gemappt" werden.

Allen Prototypen gemeinsam sollte sein:

- leicht zu erstellen
- leicht änderbar
- Kunden können „selber" mit designen

Post-It ermöglichen es „Interaktivität" auf einfache Art und Weise abzubilden. Beim Testen des Prototyps sollte das Augenmerk auf strukturelle Probleme gesetzt werden. Das Testen sollte keine Demo des Produktes sein.

3.5 Erstellung einer Datenbank für Segementiermethoden

In der Literatur wird eine Vielzahl von Segmentiermethoden beschrieben. Diese werden jedoch immer in sehr unterschiedlicher Art und Weise dargestellt und beschrieben. Dies macht es fast unmöglich, einen strukturierten Überblick zu bekommen. Bücher zu diesem Thema bieten oft einen guten Überblick, ihnen mangelt es jedoch häufig an der Aktualität, bei diesem sich sehr schnell verändernden Bereich.

Hat ein Benutzer eine Bildverarbeitungsproblemstellung, so müsste er die gesamte Literatur sichten. Dabei ist aber das Problem, dass er manchmal nicht weiß, welches Werkzeug für seine Bilder geeignet ist. Dabei soll nun diese Datenbank helfen. Sie ermöglicht eine Vorauswahl und Eingrenzung der in Frage kommenden Werkzeuge. Gleichzeitig ermöglicht sie dann eine gezielte, weitere Recherche in den entsprechenden Bereichen.

Die Pflege der Datenbank und der Einträge können auf zwei verschiedene Art und Weisen erfolgen. Es könnten die Wissenschaftler bzw. Entwickler selber Einträge anlegen, bei denen sie die Methode und ihre Erfahrungen beschreiben. Daraus könnte dann ein Community-Gedanke im Sinne der „Wikipedia-Projekte" entstehen. Andererseits könnten eine oder mehrere Personen in regelmäßigen Abständen die Literatur durchsuchen und die Einträge überprüfen beziehungsweise ergänzen. Dies bedeutet einen erheblichen Mehraufwand, hat jedoch den Vorteil, dass die Abhängigkeit von dem Engagement und der Akzeptanz der Wissenschaftler geringer ist. Der Nachteil ist aber, dass die wertvollen subjektiven Erfahrungen mit den Werkzeugen nicht optimal erfasst werden können.

3.5.1 Datenbankstruktur

Die Datenbank enthält folgende Felder:

- **ID**: Damit ist es möglich jeden Eintrag eindeutig zu bestimmen, wiederzufinden und als Referenz darzustellen.
- **Name**: Diese beschreibt den Namen der Methode.
- **Category**: Dieses Feld beschreibt die Kategorie, zu der die Methode gehört. Mögliche Kategorien sind: Modellbasiert, Kontursegmentation, Texturanalyse / Mustererkennung, Schwellwert, Regionenwachstum, Sonstige.
- **Description**: Hier erfolgt eine ausführliche textuelle Beschreibung der Methode.
- **Known Problems**: Beschreibung der bekannten Probleme.
- **References**: Die Literaturstelle der erstbeschreibenden Veröffentlichung.
- **Needed Parameters**: Beschreibung der notwendigen Parameter für die Methode.
- **Exclusions**: Beschreibung von Fällen, die eine Anwendung ausschließen. Gibt es bestimmte Modalitäten oder Eigenschaften, bei denen das Werkzeug nicht angewendet werden kann? Beispiel wäre eine Farbsegmentierung, die nicht bei Graustufenbildern angewendet werden kann.
- **Pro /Cons**: Was sind die Vorteile der Methode? Wo hat Sie Vorteile gegenüber anderen Methoden? Was sind besondere Stärken? Bei welchen Bildmodalitäten ist der größte Vorteil? Wo hat die Methode Schwächen? Was sind objektive, was subjektive Schwächen und Nachteile? Wo gibt es Probleme?
- **Software**: In welchen Softwareprodukten ist diese Methode enthalten.
- **Comment**: Ein Feld für Kommentare.

3.6 Design und Implementation einer Bildanalyseproblemdatenbank

Wie bereits in der Einleitung erwähnt, gibt es bis dato keinen einheitlichen Goldstandard für Bilder im Bereich der Biomedizin, auf den sich die Wissenschaft geeinigt hat. Es gibt zwar eine Reihe von Bilddatenbanken bei vielen Instituten und wissenschaftlichen Organisationen, doch spiegeln diese oft nur eine ungewichtete Sammlung der Bilddaten. Daher ist das Ziel der Datenbank ein repräsentatives Abbild des aktuellen biomedizinischen Problemraums zu erstellen. Hierbei soll auf die unterschiedlichen Gewichtungen im Speziellen eingegangen werden.

Ein weiterer Punkt ist, dass die bestehenden Daten (Datenbanken) keine Zusatzinformationen über die Problemstellung besitzen. Dies ist jedoch für die Erstellung und Verbesserung von neuen Systemen unabdingbar. Wenn der zukünftige Entwickler von neuen Lösungen und Algorithmen nicht genau das Problem des Benutzers verstanden hat, löst er häufig die Probleme die er glaubt lösen zu müssen. Oft wird versucht dieses Problem dadurch zu umgehen, indem der Entwickler und der Kunde eng zusammen arbeiten. Dies löst aber nur das Problem eines Kunden und schafft mehrfach nur Systeme für eine Aufgabenstellung (vgl. Extreme Programming). Diese Methode ist auch limitiert durch die methodische Fertigkeit des Entwicklers.

Die Datenbank sollte für alle Personen einfach erreichbar sein. Daher wurde eine webbasierte Datenbank gewählt. Diese wird durch einen MySQL / Apache Server betrieben. Um die Datenbank international verfügbar zu machen, wurde als Sprache Englisch gewählt.

3.6.1 Datenbankstruktur

Die Datenbank enthält folgende Felder:

- **ID**: Damit ist es möglich jeden Eintrag eindeutig zu bestimmen, wiederzufinden und als Referenz darzustellen.
- **Username**: Dies beschreibt den Namen des Benutzers, der den Eintrag angelegt hat.
- **Date**: Hier wird das Datum angezeigt, an dem der Datensatz angelegt worden ist.
- **Title**: Eine Kurzbeschreibung des Problems.
- **Image Modality**: Beschreibung der Aufnahmemethode, z.B. CT, MRT, Mikroskopie o.ä.
- **Description**: In diesem Feld hat der Benutzer die Möglichkeit, das Problem näher zu beschreiben. Dabei soll dies ohne Restriktionen erfolgen. Es ist darauf zu achten, dass die Beschreibung möglichst allgemein und abstrakt erfolgt.
- **Image Object Describer – Report**: Report, der durch den Image Object Describer erstellt worden ist.
- **Attachment**: Hier können weitere wichtige Dateien hochgeladen werden.
- **ZIP file / RAW Files**: Rohdaten oder in ZIP-Dateien gepackte Dateien können hochgeladen werden.
- **Image 1 - 5**: Hier kann der Benutzer ein bis fünf Bilder uploaden. Aufgrund der Datenbankstruktur und Browserkompatibilität können aber nur .jpg und .png Bilder direkt angezeigt werden. TIF Bilder können zwar up- und downgeloaded werden, können aber nicht als Vorschaubilder angezeigt werden.

3.7 Design und Implementation einer Bildanalyselösungsdatenbank

Wenn ein Benutzer sein Problem in der Problemdatenbank eingetragen hat, ist dieser Eintrag nun öffentlich sichtbar. Nun besteht die Möglichkeit, dass eine beliebige Person eine Lösung zu diesem Problem einträgt.

Datenbankstruktur
Die Datenbank enthält folgende Felder:

- **ID**: Damit ist es möglich, jeden Eintrag eindeutig zu bestimmen, wiederzufinden und als Referenz darzustellen.
- **Username**: Dies beschreibt den Namen des Benutzers, der den Eintrag angelegt hat.
- **Date**: Hier wird das Datum angezeigt, an dem der Datensatz angelegt worden ist.
- **Problem**: Link auf das korrespondierende Problem in der Problemdatenbank.
- **Description**: In diesem Feld hat der Benutzer die Möglichkeit, die Lösung näher zu beschreiben. Dabei soll dieses ohne Restriktionen erfolgen. Es ist darauf zu achten, dass die Beschreibung möglichst allgemein und abstrakt erfolgt.
- **Solution File**: Hier können jegliche Art von Dateien hochgeladen werden. Es kann sich dabei um ein Skript, ein kleines Programm, Code o.ä handeln.
- **Method used**: Hier kann aus einer in der Methodendatenbank angelegten Bildanalysemethoden ausgewählt werden.
- **Segmentation Software used**: Angezeigt wird die Software, mit der die Lösung erstellt worden ist.
- **Pre-Processing Steps**: Wenn spezielle Vorverabeitungsschritte für die Lösung notwendig waren, werden diese hier dargestellt.
- **Ease of use**: Wie bewertet der Erstellter der Lösung subjektiv die Bedienbarkeit?
- **Subjective Quality**: Wie bewertet der Ersteller der Lösung subjektiv die Qualität?
- **Subjective Accuracy**: Wie bewertet der Ersteller der Lösung subjektiv die Genauigkeit?
- **Subjective Reproducibility**: Wie bewertet der Ersteller der Lösung subjektiv die Reproduzierbarkeit?
- **Applicability to the Problem**: Wie bewertet der Ersteller der Lösung subjektiv, wie gut die Lösung zum Problem passt?
- **Report**: Hier kann eine Berichtsdatei mit den Lösungen hochgeladen werden.
- **ZIP file / RAW Files**: Rohdaten oder in ZIP-Dateien gepackte Dateien können hochgeladen werden.
- **Measurement / Result File (xls, csv)**: Messergebnisse der Lösung.
- **Image 1 - 5**: Hier kann der Benutzer ein bis fünf Bilder uploaden. Aufgrund der Datenbankstruktur und Browserkompatibilität können aber nur .jpg und .png Bilder direkt angezeigt werden. TIF Bilder können zwar up- und downgeloaded werden, können aber nicht als Vorschaubilder angezeigt werden.

3.7.1 Verknüpfung mit der Datenbank für Segmentiermethoden

Eine essentielle Eigenschaft der Lösungsdatenbank ist die Verknüpfung zwischen der Datenbank für die Segmentiermethoden und den Referenzbildern. Dies ermöglicht es komplexe Abfragen zu erstellen. Damit hat der Benutzer der Datenbanken die Möglichkeit, zum Beispiel eine Abfrage zu machen: Welche Art von Referenzbildern wurde denn schon mit dem Werkzeug „AutoThreshold“ segmentiert? Wer hat denn schon Erfahrung mit dem Werkzeug „Live-Wire“?

3.8 Qualitätssicherung der Datenbankeinträge

Wie kann sichergestellt werden, dass sich nur qualitativ hochwertige Einträge in der Datenbank befinden? Dabei sollen folgende Maßnahmen die Qualität stark verbessern und kontrollierbar machen.

- *Benutzerregistrierung*: Dadurch soll verhindert werden, dass Benutzer zu schnell Zugang zum Uploadbereich haben. Die Registrierung hat auch den Vorteil, dass eine gültige, validierte Emailadresse vorliegt. Sollte es sich um einen unerwünschten Benutzer handeln, könnte dieser auf eine Blacklist gesetzt werden.
- *Freigabemechanismus*: Wird von einem registrierten Benutzer ein Eintrag angelegt, so wird dieser durch ein Bewertungsgremium bewertet. Dieses Gremium besteht aus mindestens zwei Personen, die den Eintrag unabhängig voneinander bewerten. Nur wenn beide Personen den Eintrag für gut befinden, gelangt dieser in den öffentlich sichtbaren Bereich. Dieser Reviewprozess kann auch weiter ausgebaut werden. Man könnte sich einen stufenweisen Prozess vorstellen. Dabei gibt es in der der ersten Stufe eine Grobauswahl, ob der neue Eintrag prinzipiell als gut bewertet werden kann. Dann geht der Eintrag zu den spezialisierten Gutachtern.

3.9 Implementierung eines Prototyps – Image Object Describer

Um dem Benutzer die Beschreibung seines Problems so einfach wie möglich zu machen, wurde eine eigene Applikation hierfür entwickelt. Diese Applikation hat die Aufgabe zur entstehenden Problembeschreibung eine Liste an Lösungsmöglichkeiten zu erstellen.

Die Applikation wurde in der Programmiersprache Visual Basic for Applications (VBA) erstellt. Diese Programmiersprache ist eine applikationsspezifische Schnittstelle zur Erstellung von individuellen Applikationen innerhalb einer Software. Grundlage war die Bildverarbeitungssoftware AxioVision (Version 4.6) der Firma Carl Zeiss. Diese Software hat ihren Schwerpunkt im Bereich der Mikroskopie und dient in erster Linie zur Steuerung von Mikroskopiehardware, digitalen Kameras und weiterer Hardware. Mit dieser Software kann das aufgenommene Bild mit zahlreichen Prozessierungsfunktionen weiterverarbeitet werden. Auch stehen eine Reihe von Bildanalysefunktionen zur Verfügung. Datenbankanbindung und Reportmodule sind weitere Features. Auf diese Funktionalität kann mit Hilfe von VBA zugegriffen werden.

Mit Hilfe des VBA Prototyps ist es dem Benutzer möglich, sein Bildanalyseproblem so objektiv wie möglich zu beschreiben. Dabei wurde versucht, durch interaktives Einzeichnen von Objekten auf dem Bild, die Objekte zu charakterisieren. Sind mehrere Objekte gleicher Gattung vorhanden, so können diese in Objektklassen eingeteilt werden. Mit Hilfe dieser Objektklassen können dann die Einzelobjekte beschrieben werden. Als Standard beim Programmstart werden drei Objektklassen angeboten: „Object category 1“, „Object category 2“ und „Background“. Die Klasse „Background“ muss immer definiert werden, da diese eine wichtige Information bei der Problembeschreibung darstellt.

Der Prototyp selber besteht aus den folgenden Komponenten: Buttonleiste, Informationszeile für den Dateipfad, Bildfenster, Textbereich für die Ergebnisse, die benutzerspezifischen Beschreibungen, die Ergebnisse, die Objektklassen Auswahl, eine Galerie mit Bildthumbnails und ein Autozoom Fenster.

Der Benutzer wählt ein repräsentatives Bild aus dem Problemgebiet aus. Dieses wird nach dem Öffnen im Bildfenster dargestellt. Nun hat er die Möglichkeit, interaktiv mit der Maus die Objekte einer Objektklasse manuell zu umfahren. Sind alle Objekte eingezeichnet, kann er weitere Objekte anderer Objektklassen einzeichnen oder den Hintergrund definieren. Anschließend erhält er eine Analyse der Objektklassen. Dabei werden folgende Parameter gemessen:

- Anzahl der Objekte
- Fläche des größten / kleinsten Objektes
- Größe der Objekte im Vergleich zum Gesamtbild
- Homogenität der Pixelwerte
- Durchschnittliche Fläche der Objekte inkl. Standardabweichung
- Alle Winkel der Objekte
- Sind die Objekte ausgerichtet? Wenn ja, in welchem Winkel
- Längste und kürzeste Strecke innerhalb des Objektes
- Formfaktor des Objektes
- Farbe des Objektes
- Helligkeit des Objektes
- Prozentualer Anteil der Überlappung

Zusätzlich hat der Benutzer die Möglichkeit, einen freien Text einzugeben, um das Analyseproblem in freien Worten näher zu erläutern. Damit können die gemessenen Parameter weiter ergänzt werden. Gleichzeitig wird dem Benutzer eine Liste von Segmentiermethoden vorgeschlagen, wie die einzelnen Objektklassen segmentiert werden könnten. Dabei wird nur die Methode selbst vorgeschlagen. Es gibt keine Möglichkeit, diese in dem Programm selber auszuführen oder anzuwenden.

3.10 Konzeptvalidierung

Um die Ausarbeitungen des Konzeptes zu validieren, wurden 13 Personen zu dem Konzept befragt. Diese Befragungen dauerten in der Regel zwischen 45-60 Minuten. Die Befragten wurden aus einer Gruppe von Personen ausgewählt, die einen direkten Bezug zur Bildanalyse in ihrem Berufsalltag haben.

Dabei wurde folgendermaßen vorgegangen:

1. Einleitung
2. Vorstellung des „Image Object Describers"
3. Vorstellung der Problemdatenbank
4. Vorstellung der Lösungsdatenbank
5. Vorstellung der Methodendatenbank
6. Gemeinsames Bearbeiten eines Use Cases mit einem Testbild
7. Ausfüllen des Fragebogens durch die Testperson im Anschluss an den Test

3.10.1 Einleitung

Zuerst wurde allgemein das Konzept noch einmal dargestellt. Dabei wurde die Segmentierung im Allgemeinen erklärt. Die Ergebnisse der Kontexanalyse wurden ausführlich dargestellt und erläutert.

3.10.2 Vorstellung des „Image Object Describers"

Es wurde das Programm in AxioVision anhand eines Beispielbildes erläutert. Zu Beginn wurde auf den generellen Aufbau eingegangen. Dann erfolgte das Zeigen der Interaktion anhand eines Beispielbildes (siehe Abbildung 11). Dabei wurde die Möglichkeit gezeigt, verschiedene Klassen zu definieren, die Analyse auszuführen, sich geeignete Bildanalysemethoden vorschlagen zu lassen, einen Bericht generieren zu lassen und sich zu diesen Methoden weitere Informationen abzurufen. Diese Schritte wurden nicht vorausberechnet oder anderweitig vorbereitet. Diese erfolgen an einem vorher ausgesuchten Beispielbild (siehe Seite 193), welches ohne jegliche Zusatzdaten geladen wurde.

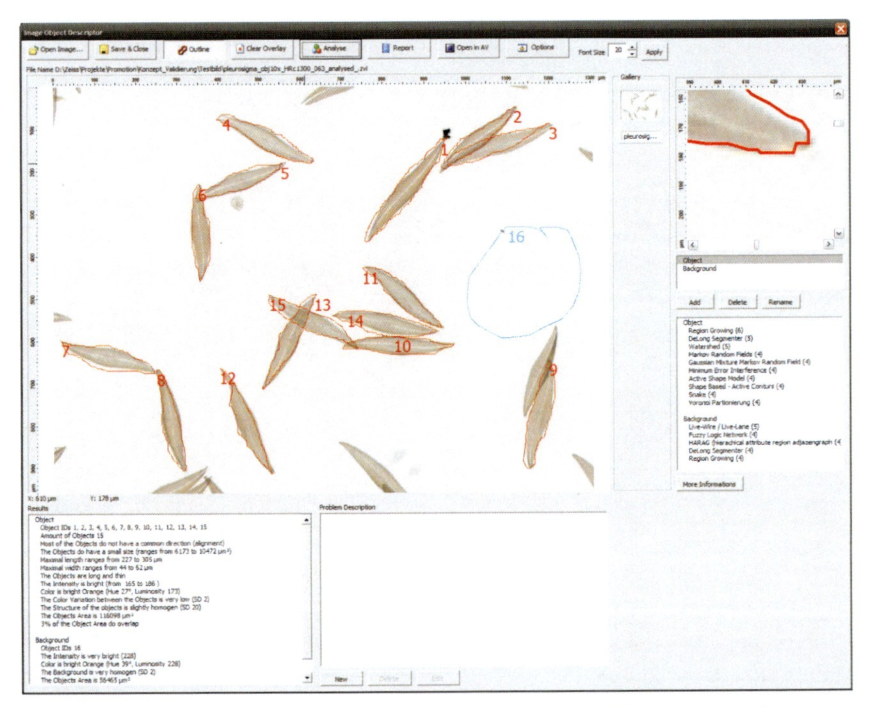

Abbildung 11: Übersicht über die Bearbeitung eines Beispielbildes mit Hilfe des Image Object Describers.

Zu erkennen ist oben die Symbolleiste mit den verschiedenen Aktionsmöglichkeiten. In der Mitte das zu bearbeitende Bild. Rechts oben das Display für die automatische Lupe. Darunter die Selektionsmöglichkeit für die Klassen der Objekte und darunter die Ergebnisse der Analyse nach Klassen aufgeteilt. Links unten sieht man die Ergebnisse der Messung der Objektklassen und ein Feld für die Eingabe von benutzerspezifischen Eingaben.

3.10.3 Vorstellung der Problemdatenbank

Zu Beginn wurde der generelle Aufbau der Problemdatenbank erläutert (siehe Abbildung 12). Anschließend wurde exemplarisch anhand eines Eintrages die Funktionsweise näher beschrieben. Hier wurde auf die verschiedenen Möglichkeiten der Einträge eingegangen.

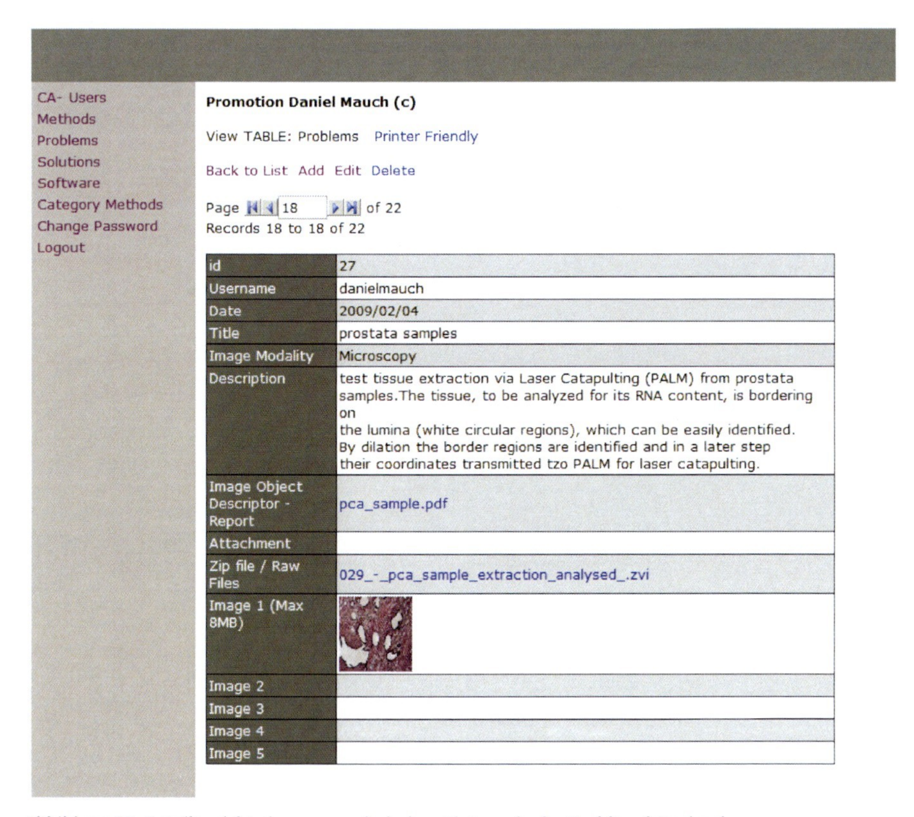

Abbildung 12: Detailansicht eines exemplarischen Eintrags in der Problemdatenbank.

Links die Navigationsspalte zur Auswahl der gewünschten Datenbank. Rechts zu sehen ein selektierter Eintrag.

3.10.4 Vorstellung der Lösungsdatenbank

Es wurde der generelle Aufbau der Lösungsdatenbank erläutert. Dann wurde exemplarisch anhand von eines Eintrages die Funktionsweise näher beschrieben. Ein Schwerpunkt hier lag auf der Möglichkeit, den Link von Problem und Lösung darzustellen (siehe Abbildung 13). Auch die Verbindung zwischen Lösung und benutzter Methode wurde erläutert. Weitere Themen waren: Lösungsdateien, Ergebnisbilder und subjektive Bewertungen.

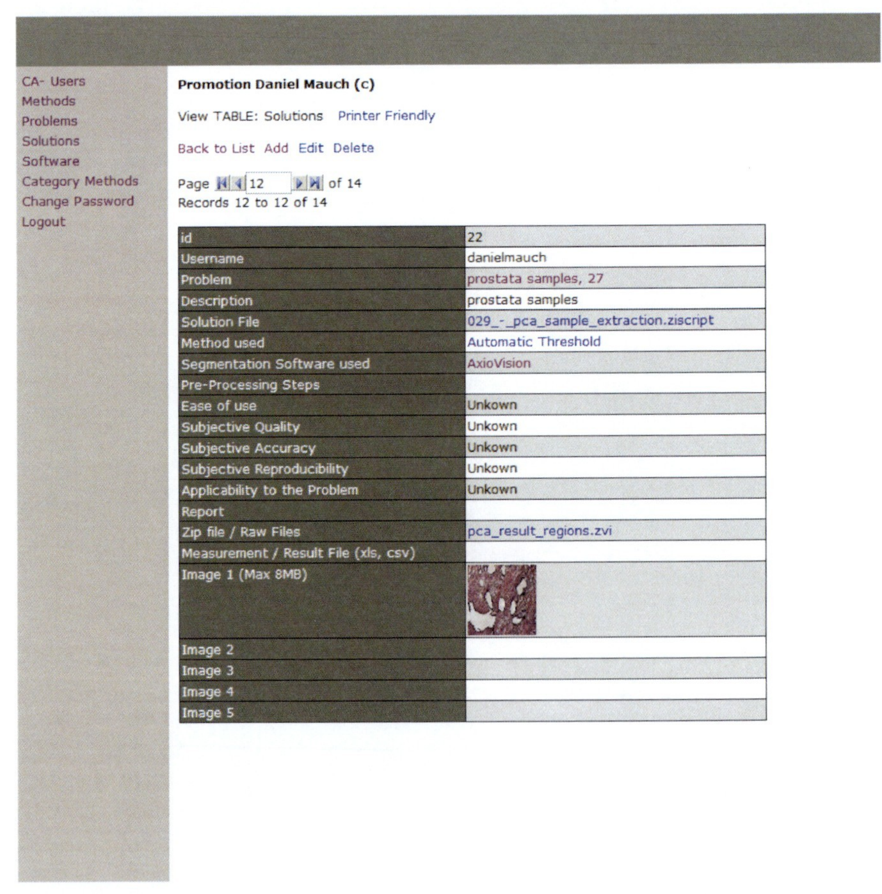

Abbildung 13: Detailansicht eines Eintrags einer Lösung zu einem Bildanalyseproblem.

Links die Spalte zur Auswahl der Datenbank. Rechts die Detaillierte Ansicht der Lösung zu dem Problem aus Abbildung 12.

3.10.5 Vorstellung der Methodendatenbank

Es wurde zu Beginn der generelle Aufbau der Methodedatenbank erläutert (siehe Abbildung 14). Weiter wurde exemplarisch für eine Methode der zugehörige Datenbankeintrag erklärt. Schwerpunkte dabei waren: Bekannte Probleme, Vor- / Nachteile, Software und die subjektive Bewertungsmöglichkeit.

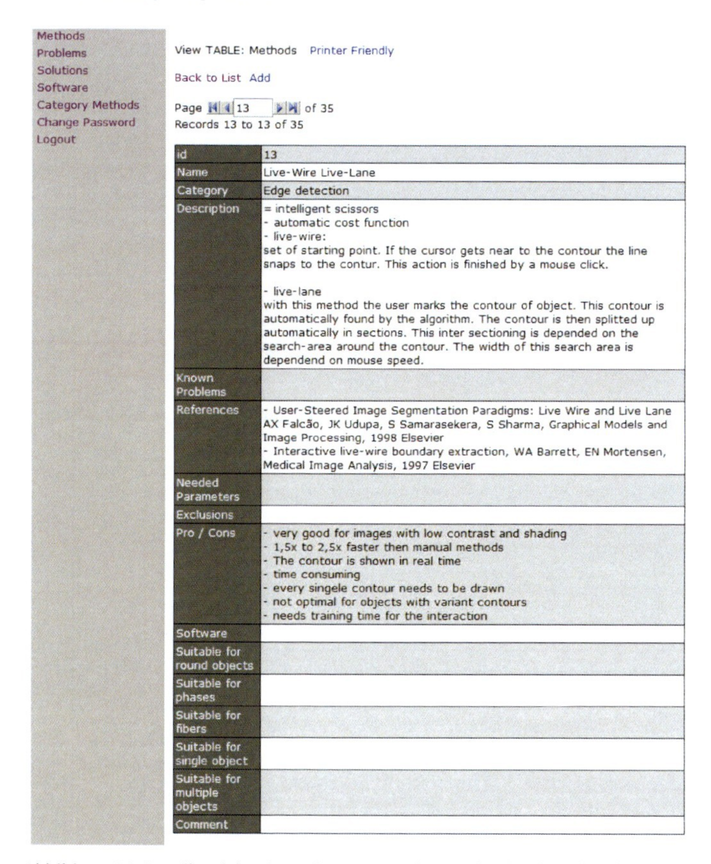
Methods
Problems
Solutions
Software
Category Methods
Change Password
Logout

View TABLE: Methods Printer Friendly

Back to List Add

Page 13 of 35
Records 13 to 13 of 35

id	13
Name	Live-Wire Live-Lane
Category	Edge detection
Description	= intelligent scissors - automatic cost function - live-wire: set of starting point. If the cursor gets near to the contour the line snaps to the contur. This action is finished by a mouse click. - live-lane with this method the user marks the contour of object. This contour is automatically found by the algorithm. The contour is then splitted up automatically in sections. This inter sectioning is depended on the search-area around the contour. The width of this search area is dependend on mouse speed.
Known Problems	
References	- User-Steered Image Segmentation Paradigms: Live Wire and Live Lane AX Falcão, JK Udupa, S Samarasekera, S Sharma, Graphical Models and Image Processing, 1998 Elsevier - Interactive live-wire boundary extraction, WA Barrett, EN Mortensen, Medical Image Analysis, 1997 Elsevier
Needed Parameters	
Exclusions	
Pro / Cons	- very good for images with low contrast and shading - 1,5x to 2,5x faster then manual methods - The contour is shown in real time - time consuming - every singele contour needs to be drawn - not optimal for objects with variant contours - needs training time for the interaction
Software	
Suitable for round objects	
Suitable for phases	
Suitable for fibers	
Suitable for single object	
Suitable for multiple objects	
Comment	

Abbildung 14: Detailansicht eines Eintrags aus der Methodendatenbank.

Zu sehen ist ein Eintrag zu der Methode „Live-Wire". Es erfolgte die Zuordnung zu der Kategorie „Edge detection". Danach folgt die Beschreibung der Methode mit den bekannten Problemen und Literaturhinweisen. Weiter unten folgen benötigte Parameter und Vor- und Nachteile der Methode. Auch gibt es eine Zeile für „Software". Hier kann man auswählen, in welchem Softwarepaket diese Methode vorhanden ist.

3.10.6 Gemeinsames Bearbeiten eines Use Cases mit einem Testbild

Anhand eines Testbildes (siehe Anhang) wurde versucht das Bildanalyseproblem konventionell zu lösen. Dabei ging es darum, das bestehende Wissen und die bestehenden Ideen für einen Lösungsansatz abzufragen.

3.10.7 Ausfüllen des Fragebogens durch die Testperson im Anschluss an den Test

Nach der Erläuterung der einzelnen Teile des Konzeptes wurde die Testperson gebeten, einen Fragebogen auszufüllen. Dies erfolgte direkt im Anschluss an das Gespräch. Die Fragebögen mussten dann binnen einer Woche abgegeben werden.

4 Ergebnisse

4.1 Übersicht

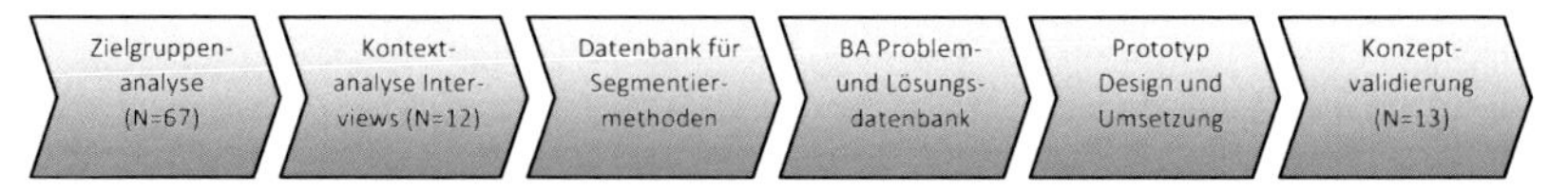

Abbildung 15: Komponenten der Ergebnisse.

Abbildung 15 zeigt eine Übersicht über die einzelnen Teile der Ergebnisse. Dabei wurde zuerst eine Auswertung der Zielgruppenanalyse vorgenommen (Abschnitt 4.2). Diese wurde als Onlineumfrage durchgeführt. Im Abschnitt Contextual Design folgt dann die Ausarbeitung der Kontextanalyse, die mit Hilfe von strukturierten Interviews und Beobachtungsstudien erstellt worden sind. Auf Basis dieser Resultate wurde mit der Softwareplattform AxioVision ein Interaktionsprototyp gestaltet und implementiert (siehe 4.4). Die Erstellung der Datenbank für Segmentiermethoden ist dann Thema in Abschnitt 4.5 Unter Abschnitt 4.7 und 4.6 folgt dann die Darstellung der Ergebnisse für die Problem- und Lösungsdatenbank mit Hilfe einer webbasierten Plattform. Unter 4.8 folgt dann abschließend die Validierung des Konzeptes anhand eines Interviews mit nachfolgendem Fragebogen.

4.2 Zielgruppenanalyse im Bereich der Mikroskopie

Um einen genaueren Einblick über die Benutzer und deren Verhalten zu bekommen, wurde eine Zielgruppenanalyse durchgeführt. Dabei haben an der Umfrage 67 Personen teilgenommen. Als Ergebnisse der Zielgruppenanalyse konnten folgende Daten gewonnen werden.

4.2.1 Altersverteilung

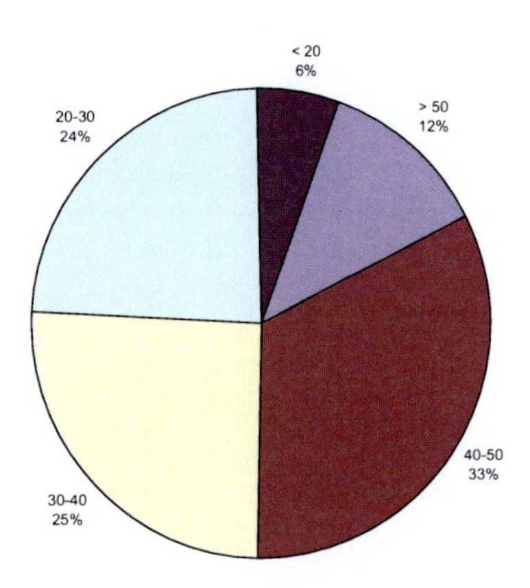

Abbildung 16: Altersverteilung der Personen in Prozent.

(N=67). Der größte Anteil (33%) der Personen sind 40-50 Jahre alt. Gefolgt von den 30-40 jährigen mit 25% und den 20-30 jährigen mit 24%. 12% sind älter als 50 Jahre und 6% der Teilnehmer sind jünger als 20 Jahre.

Hier (Abbildung 16) zeigt sich eine klare Verteilung bei den Personen von ca. 30-50 Jahre. Unter 20-30 und über 50jährige Personen nutzen die Bildanalyse sehr selten.

4.2.2 Geschlechterverteilung

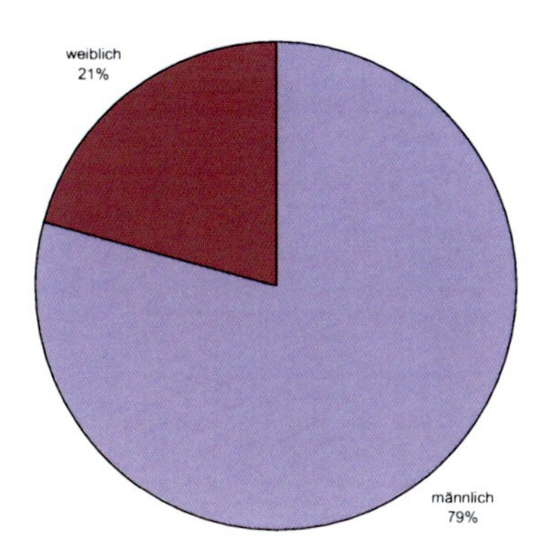

Abbildung 17: Prozentuale Geschlechterverteilung.
79% der Teilnehmer waren männlich und 21% weiblich (N=67).

In Abbildung 17 fällt der sehr hohe Anteil von männlichen Personen mit fast 80% auf. Hier stellt sich die Frage, ob in dem Bereich der Mikroskopie auch ein so hoher Männeranteil besteht, oder ob die Bildanalyse vor allem von männlichen Personen durchgeführt wird.

4.2.3 Verteilung nach Industriezweig

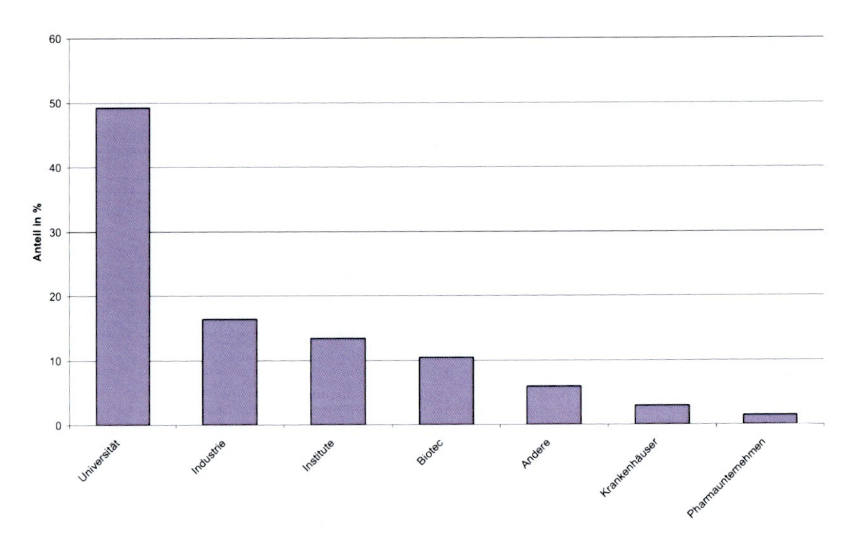

Abbildung 18: Prozentualer Anteil der Benutzer nach Industriezweigen.

48% der Teilnehmer arbeiten an einer Universität. 16% in der Industrie. 14% an Instituten und 11% in Biotechnologieunternehmen. In Krankenhäusern und Pharamaunternehmen sind es jeweils weniger als 5% (N=67).

Bei der Verteilung nach Industriezweigen (siehe Abbildung 18), zeigt sich der sehr hohe Anteil an Universitäten und Instituten. Der Anteil von klassischen industriellen Einrichtungen hat nur eine untergeordnete Rolle.

4.2.4 Länderverteilung

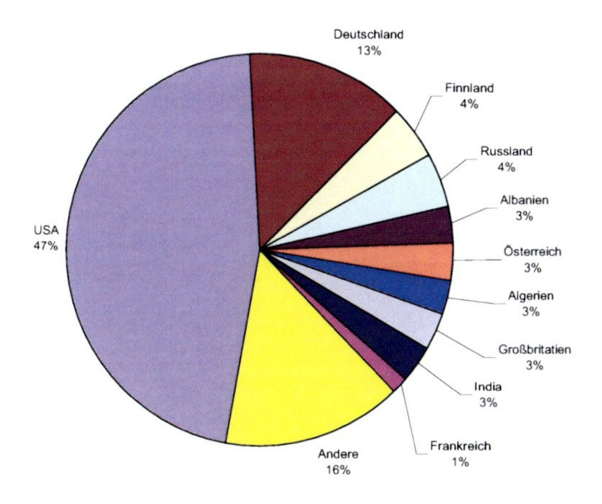

Abbildung 19: Prozentuale Verteilung der Teilnehmer nach Ländern.

47% der Teilnehmer kamen aus den USA. 13% aus Deutschland, 4% jeweils aus Finnland und Russland. 3% kamen aus Albanien, Österreich, Algerien, Großbritannien und Indien. 16% der Teilnehmer kamen aus Ländern, die nicht weiter unterteilt worden sind (N=67).

Fast 50% der Teilnehmer waren aus den USA. Die zweitgrößte Gruppe mit 13% aus Deutschland. Dann folgten mit jeweils 4% Finnland und Russland.

4.2.5 Aufnahmeverfahren

Sichtbares Licht

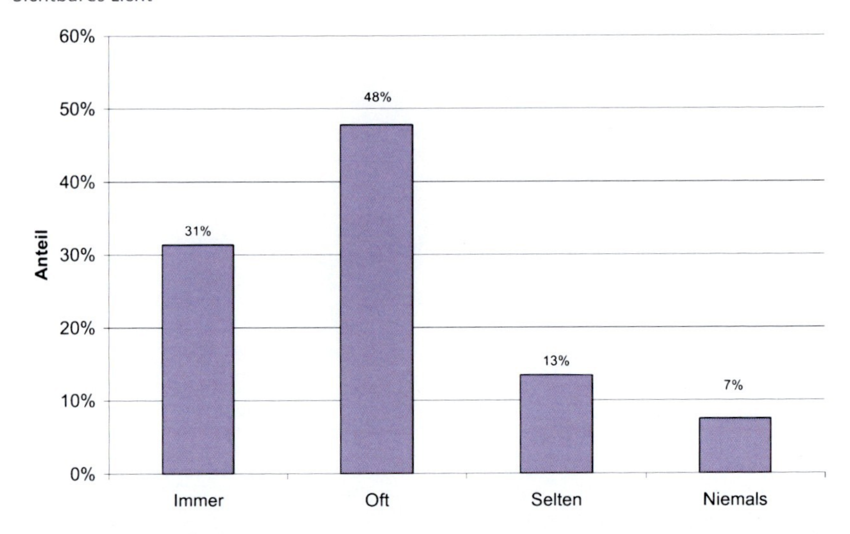

Abbildung 20: Anteil der Benutzer, die sichtbares Licht zur Aufnahme der Bilder am Mikroskop benutzen.

48% benutzen sichtbares Licht für die Aufnahme. 31% benutzen dies immer. Nur 13% selten und 7% benutzen niemals sichtbares Licht für die Aufnahme eines Bildes mit dem Mikroskop (N=67).

Über 70% der Teilnehmer benutzen sichtbares Licht zur Aufnahme von Bildern (siehe Abbildung 20). Dabei ist der Anteil derer, die sichtbares Licht niemals benutzen bei kleiner als 10%.

Konfokal

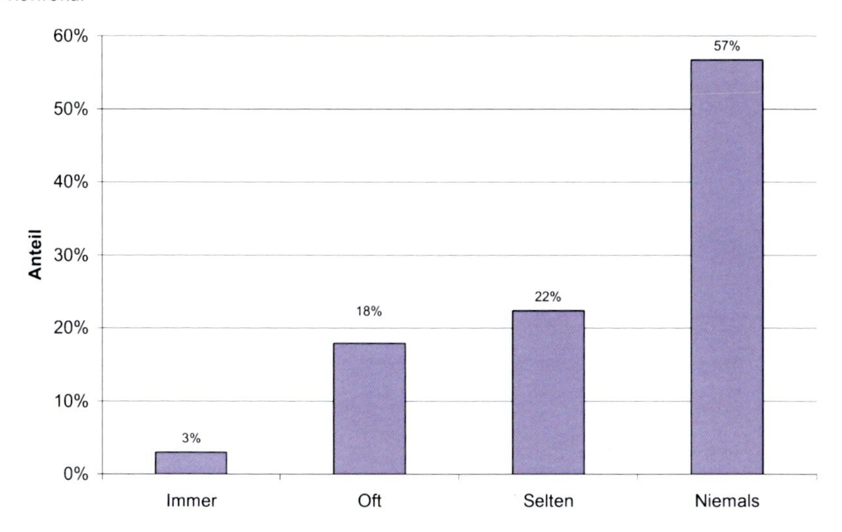

Abbildung 21: Anteil der Benutzer, die das konfokale Verfahren zur Aufnahme der Bilder am Mikroskop benutzen.

57% benutzen niemals die konfokale Methode. Selten benutzen diese 22%. 18% benutzen diese oft und nur 3% immer (N=67).

Konträr zum sichtbaren Licht (Abbildung 20) zeigt sich in Abbildung 21 der sehr niedrige Anteil von Benutzern, die das konfokale Verfahren häufig oder immer benutzen. Über 80% benutzen dies selten oder niemals.

4.2.6 Kontrastverfahren

Phasenkontrast

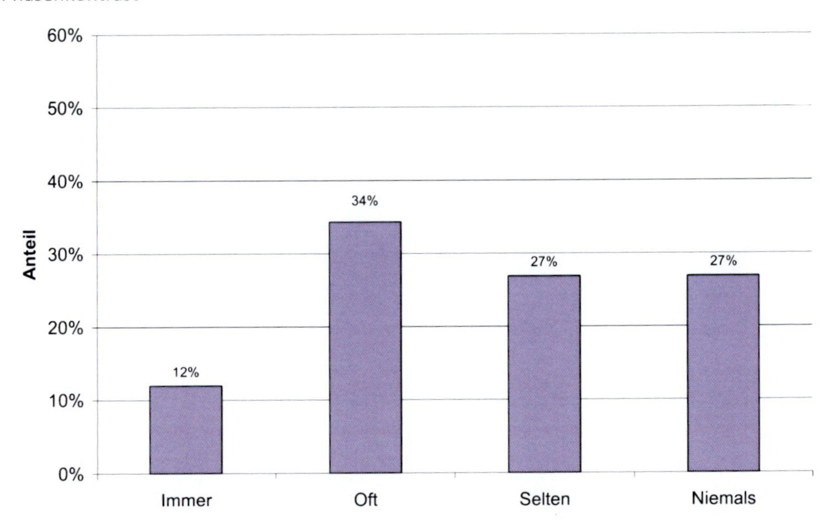

Abbildung 22: Anteil der Benutzer, die Phasenkontrast zur Aufnahme der Bilder am Mikroskop benutzen.

35% benutzen Phasenkontrast als Aufnahmeverfahren oft, 27% selten und 27% niemals. 12% benutzen den Phasenkontrast immer (N=67).

Bei der Benutzung von Phasenkontrast zeigt sich ein sehr ausgeglichenes Bild. 46% benutzen es immer oder häufig. Zirka 50% selten oder nie.

Fluoreszenz

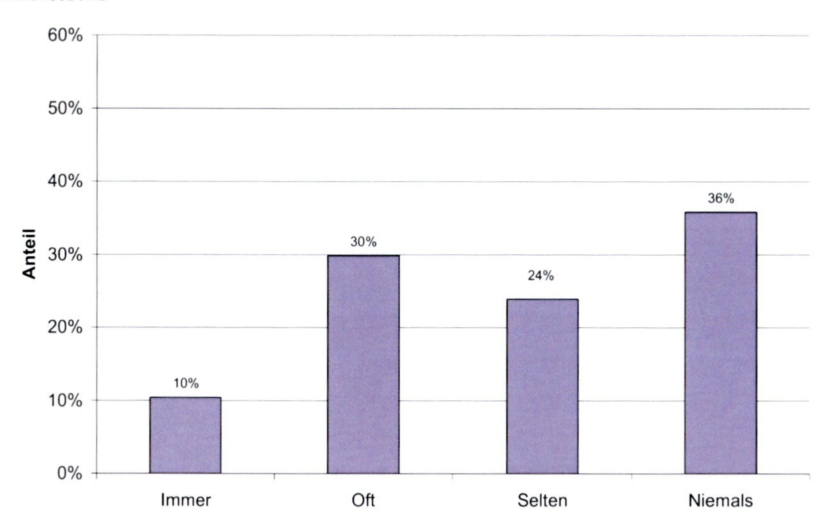

Abbildung 23: Anteile der Benutzer, die Fluoreszenzverfahren zur Aufnahme der Bilder am Mikroskop benutzen.

36% der Befragten benutzen die Fluoreszenz nie und 24% selten. 30% benutzen die Methode oft und 10% immer (N=67).

In Abbildung 23 zeigt sich eine Zweiteilung. Einerseits die Gruppe von 40%, die Fluoreszenz häufig oder immer benutzen, und die andere Gruppe von 36%, die es niemals benutzen.

DIC

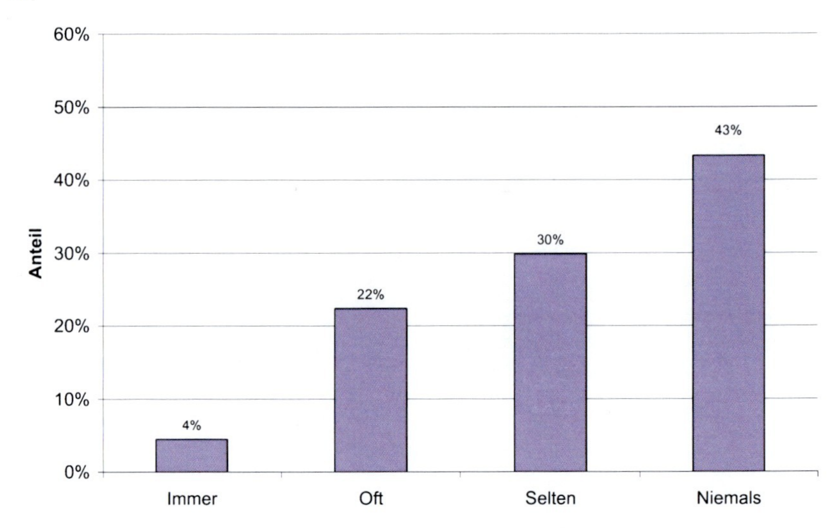

Abbildung 24: Anteil der Benutzer, die das DIC Verfahren zur Aufnahme der Bilder am Mikroskop benutzen.

43% der Befragten benutzen das DIC Verfahren niemals und 30% selten. Oft benutzen es 22% und 4% immer (N=67).

Über 40% benutzen dieses Verfahren nie. 30% selten und 20% häufig. Hier (Abbildung 24) zeigt sich, dass dieses Verfahren nicht sehr weit in der Mikroskopie verbreitet ist.

Polarisiertes Licht

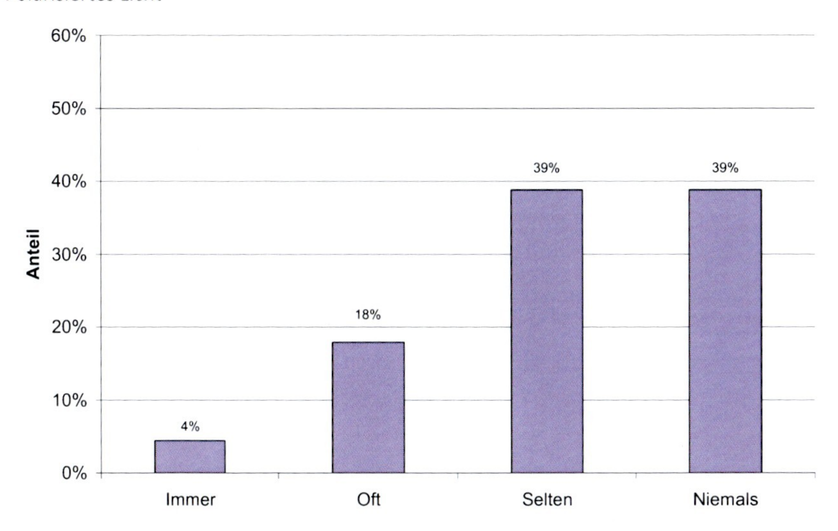

Abbildung 25: Anteil der Benutzer, die polarisiertes Licht zur Aufnahme der Bilder am Mikroskop benutzen.

Selten oder niemals arbeiten jeweils 39% der Teilnehmer mit polarisierter Beleuchtung zur Bildaufnahme. Oft benutzen dies 18% und immer nur 4% (N=67).

Bei dem Verfahren des polarisierten Licht (Abbildung 25) zeigt sich ein noch geringerer Einsatz im Vergleich zu dem DIC Verfahren. Fast 80% benutzen dies selten oder nie.

Aufnahme Parameter

Farbtyp des Bildes

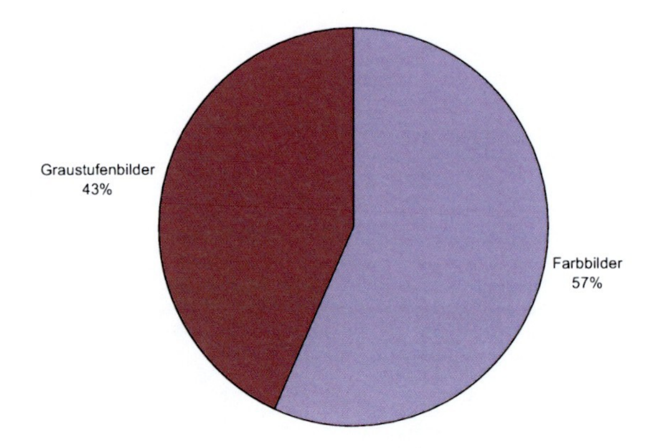

Abbildung 26: Verteilung des Farbtyps der aufgenommenen Bilder.

57% der Teilnehmer benutzen bei der Aufnahme von Bildern den Typ Farbbild. 43% haben den Bildtyp Graustufen (N=67).

Auffällig ist hier (Abbildung 26) die doch sehr gleichmäßige Verteilung der Bildtypen. Dabei ist der Anteil der Farbbilder mit 57% leicht größer.

Bildgröße

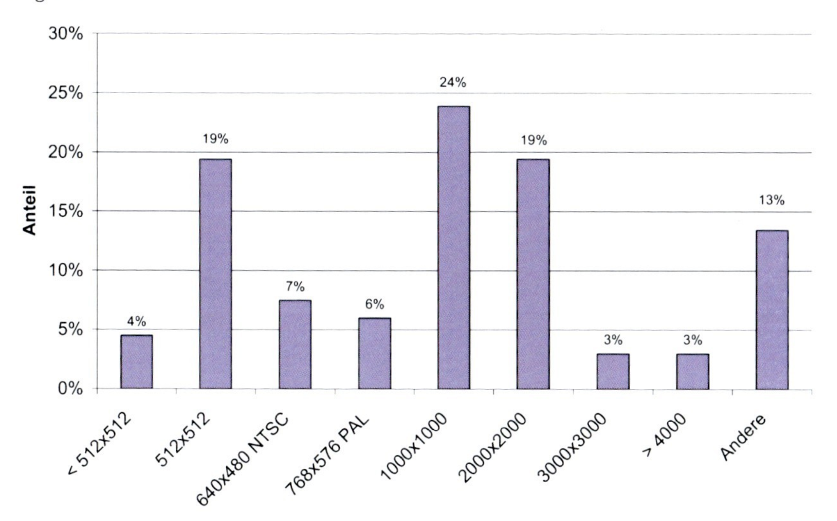

Abbildung 27: Verteilung der Bildgrößen.

24% der aufgenommenen Bilder haben die Größe 1000x1000 Pixel. Jeweils 19% der Befragten benutzen Bildgrößen von 512x512 oder 2000x2000 Pixel. Die ältern Videoformate PAL (6%) und NTSC (7%) werden nur selten benutzt. Bildgrößen von 3000x3000 und mehr Pixel werden von 6% der Befragten benutzt (N=67).

Es zeigt sich in Abbildung 27 eine zweigipfelige Verteilung. Auf der einen Seite bei der Bildgröße 512x512 Pixel. Dies stellt die klassische Größe für die konfokale Mikroskopie dar. Auf der anderen Seite bei 1000 beziehungsweise 2000 Pixel. Dies sind die klassischen Bildgrößen in der Lichtmikroskopie.

Dateiformat

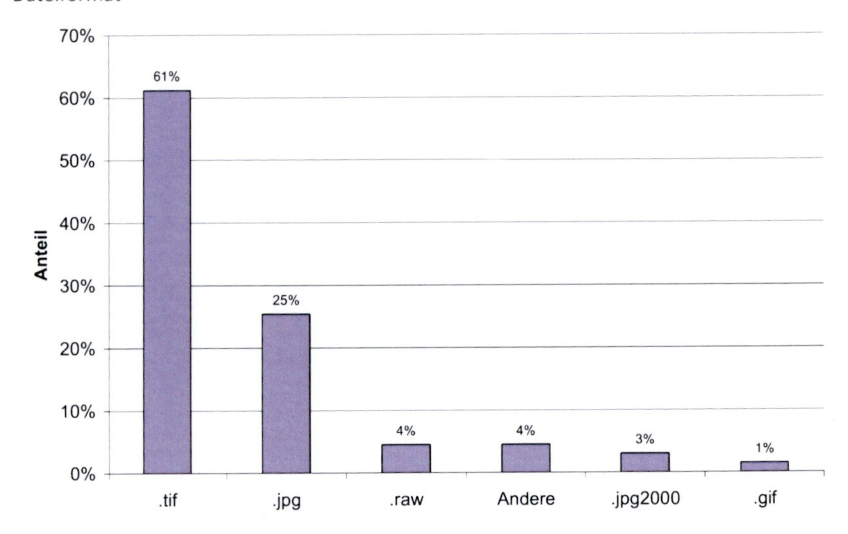

Abbildung 28: Verteilung der Dateiformate.

61% der Bilder haben das Dateiformat TIF. Weiter 25% haben das Format JPG und 4% sind RAW Bilder. JEP200 und GIF Bilder werden in 4% der Anwendungsfälle benutzt (N=67).

Die am häufigsten benutzten Dateiformate (Abbildung 28) sind das TIF Format mit einem Anteil von über 60% und dann JPG mit 25%. Dabei kann man annehmen, dass die sehr große Verbreitung des TIF Formats auf die verlustfreie Kompression zurückzuführen ist.

Skalierung

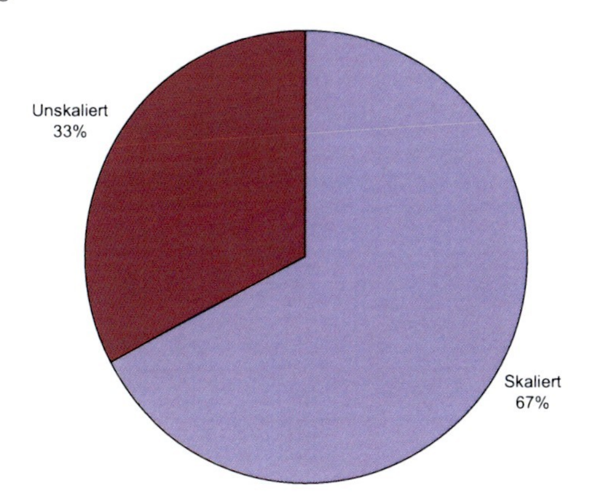

Abbildung 29: Anteil der Bilder für die eine Skalierung benutzt wird.
67% der Befragten benutzen eine Skalierung für Ihre Bilder. 33% erstellen keine Skalierung (N=67).

Ein Anteil von 67% der Benutzer skaliert die aufgenommenen Bilder. Dies kann sowohl manuell als auch automatisch erfolgen. Damit hat der Benutzer den Vorteil, den Messwert in Pixel direkt in der Längeneinheit, zum Beispiel „Mikrometer", anzugeben.

Häufigkeit von Mehrkanalaufnahmen

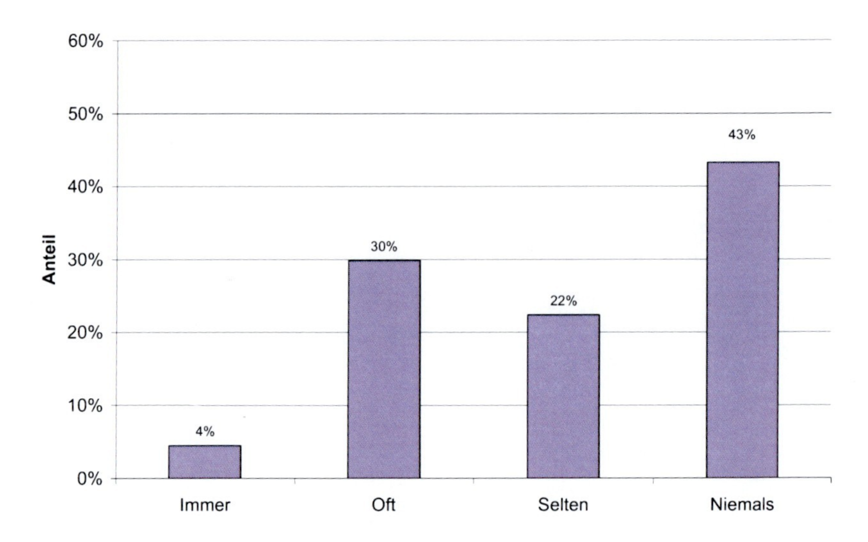

Abbildung 30: Verteilung von Mehrkanalaufnahmen.
Mehrkanalaufnahmen werden in 43% der Fälle niemals und 22% selten eingesetzt. 30% benutzen dieses Verfahren oft und 4% immer (N=67).

Mehrkanalaufnahmen sind Aufnahmen, bei denen mehr als ein Farbstoff pro Bild aufgenommen wird. Diese können dann überlagert dargestellt werden. Bei dem Anteil der Mehrkanalaufnahmen zeigt sich in Abbildung 30 auch wieder eine zweigipflige Verteilung. Auf der einen Seite diejenigen, die nie eine Mehrkanalaufnahme machen, mit über 40% und denen, die häufig oder immer eine erstellen, mit über 30%.

Häufigkeit von Mehrpositionenaufnahmen

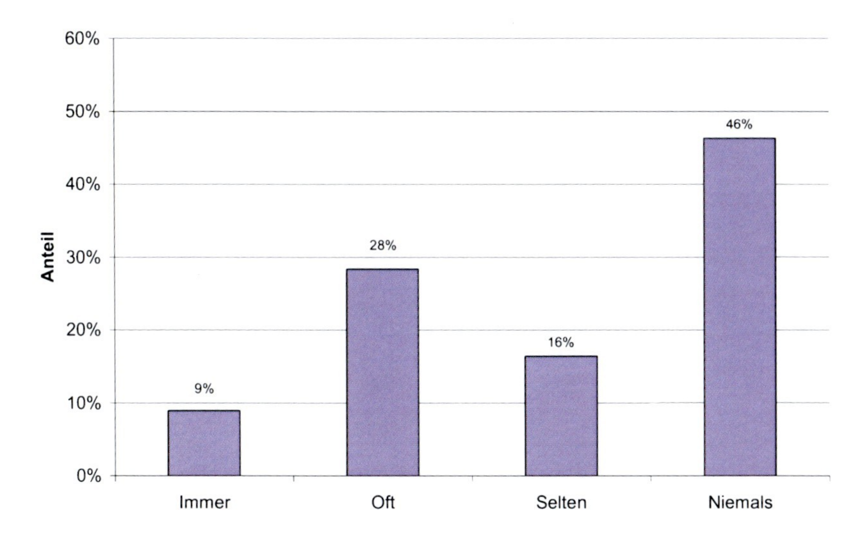

Abbildung 31: Verteilung von Mehrpositionenaufnahmen.

46% benutzen niemals Mehrpositionenaufnahmen. 16% selten, 28% oft und 9% immer (N=67).

Bei Mehrpositionenaufnahmen werden nicht nur eine, sondern mehrere Position von einem Präparat angefahren und in einer logischen Einheit gespeichert. Der Anteil der Benutzer, die innerhalb einer Aufnahme immer oder häufig mehrere Positionen benutzen liegt bei zirka 40%. Über 46% tun dies nie.

Häufigkeit von Z-Stapelaufnahmen

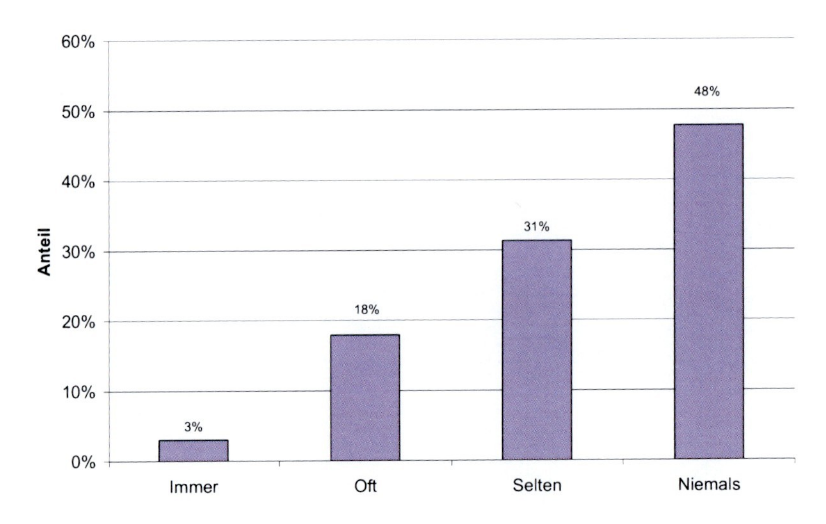

Abbildung 32: Verteilung von Z-Stapelaufnahmen.
48% machen niemals und 31% selten einen Z-Stapel. 18% der Benutzer häufig und 3% der Benutzer immer einen Z-Stapel (N=67).

Bei der Häufigkeit von Z-Stapelaufnahmen zeigt sich in Abbildung 32, dass diese sehr selten bis nie verwendet werden (79%). Nur ein geringer Anteil von 3% macht immer einen Z-Stapel.

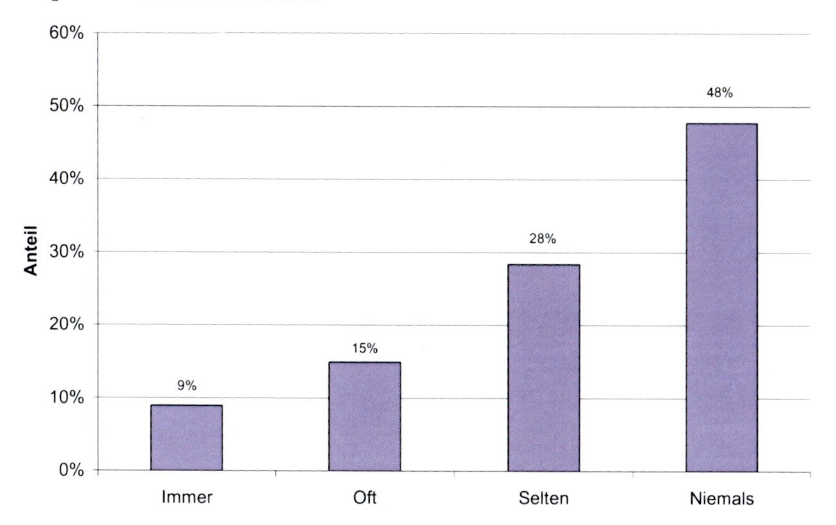

Abbildung 33: Verteilung von Zeitrafferaufnahmen.

9% der Befragten erstellen immer eine Zeitrafferaufnahme. 15% oft und 28% selten. 48% der Befragten erstellen niemals eine Zeitrafferaufnahme (N=67).

Bei den Zeitrafferaufnahmen zeigt sich (Abbildung 33) ein sehr ähnliches Bild, wie bei den Z-Stapeln. Über 79% benutzen dies selten bis nie.

4.2.7 Bildinhalte

Beschreibung des Bildinhaltes, welcher im Bild analysiert werden soll

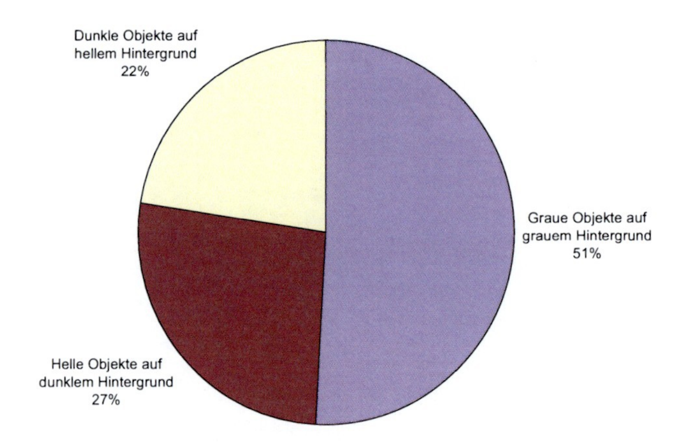

Abbildung 34: Verteilung des Objektes auf dem Bild im Vergleich zum Hintergrund.

51% der Benutzer haben angegeben, dass in den Bildern vor allem graue Objekte auf grauem Hintergrund abgebildet sind. 27% haben angegeben, das es sich um helle Objekte auf dunkeln Hintergrund handelt. Bei 22% der Benutzer handelt es sich um dunkle Objekte auf hellem Hintergrund (N=67).

22% der Bildobjekte sind dunkel auf einem hellen Hintergrund. 27% sind helle Objekte auf einem dunklen Hintergrund und über 50% sind graue Objekte auf einem grauen Hintergrund. Hier zeigt sich, dass in über der Hälfte der Bilder die Objekte einen geringen Kontrast besitzen.

Anzahl der Objekte im Bild

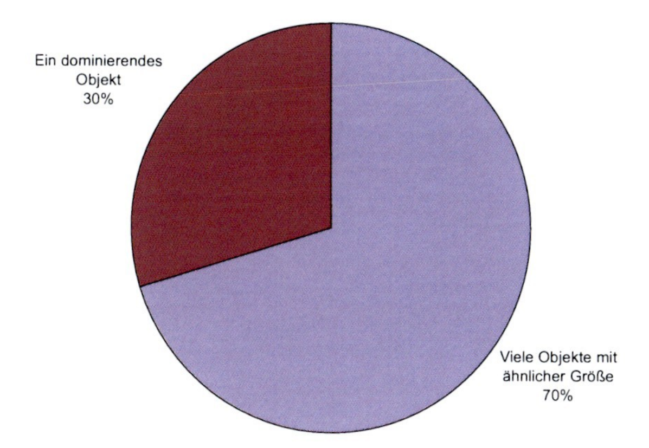

Abbildung 35: Verteilung der Anzahl der Objekte in dem Bild.

70% gaben an, dass die Objekte auf den Bildern viele Objekte mit ähnlicher Größe vorhanden sind. 30% gaben an, dass es sich um ein dominierendes Objekt handelt (N=67).

Bei den Bildinhalten handelt es sich in 70% der Fälle nicht nur um ein, sondern viele Objekte mit ähnlicher Größe. Nur in 30% der Fälle gibt es ein großes, dominierendes Objekt, das von Interesse ist.

Objektform der Bildinhalte

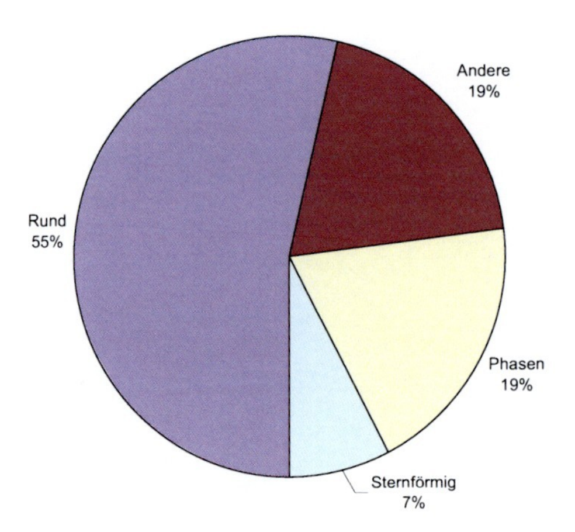

Abbildung 36: Verteilung der Form der Bildobjekte.

Bei der Objektform gaben 55% an, dass die Objekte rund seien. 19% der Benutzer haben phasenförmige Objekte und 7% sternförmige Objekte. 19% haben andere Objektformen (N=67).

In über 50% handelt es sich in den Bildern um runde oder rundliche Objekte. In zirka 20% um ein phasenähnliches Objekt und in 7% um eine sternförmige Objektform.

Messparameter

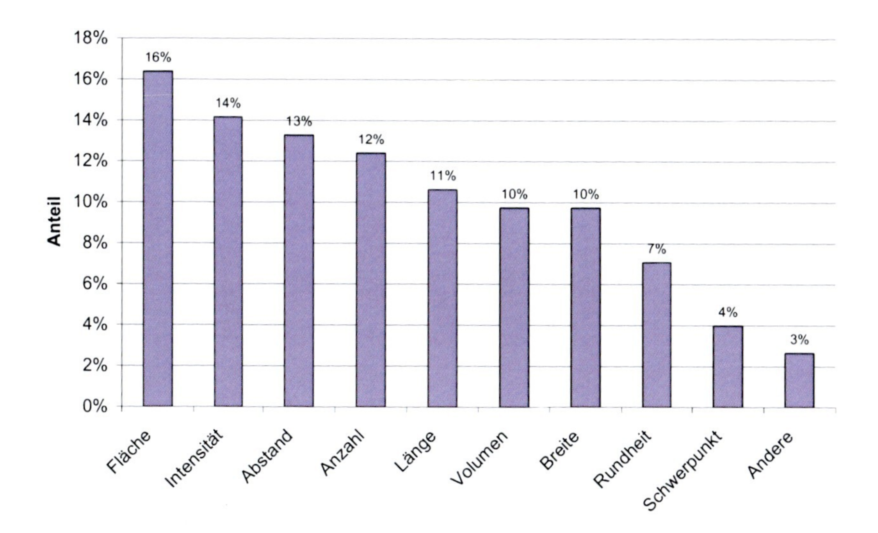

Abbildung 37: Verteilung der Messparameter, die benutzt werden, um die Bildinhalte zu analysieren.

16% benutzen die Fläche, 14% die Intensität, 13 den Abstand von Objekten, 12% die Anzahl der Objekte, 11% die Länge von Objekten, jeweils 10% das Volumen und die Breite der Objekte, 7% die Rundheit und 4% den Schwerpunkt als Messparameter (N=67).

Bei den Messparametern zeigt sich in Abbildung 37 eine sehr gleichförmige Verteilung von verschiedenen Parametern. Hier gibt es nicht einen Parameter, der im Vergleich zu den anderen sehr viel häufiger benutzt wird.

Die fünf am häufigsten benutzen Parameter sind:

- Fläche
- Intensität
- Abstand
- Anzahl
- Länge der Objekte.

Aufgabenstellung

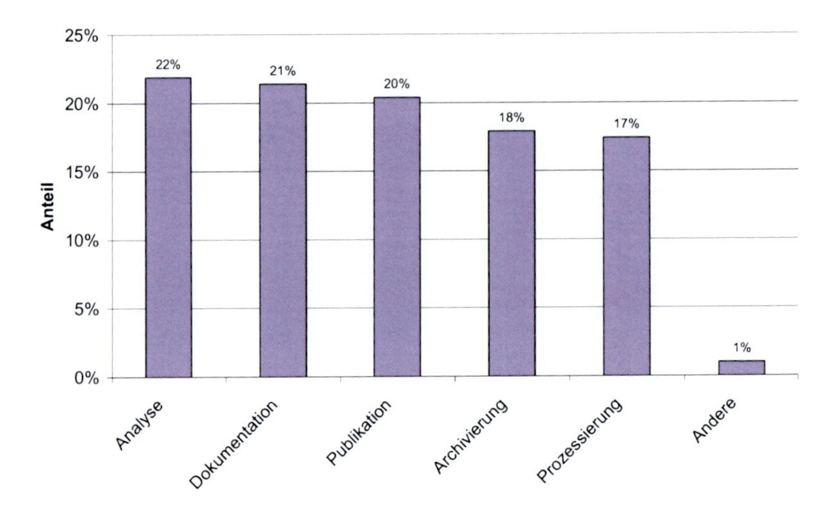

Abbildung 38: Verteilung der Aufgabenstellung bei der Analyse der Bilder.

22% machen eine Analyse der Bilddaten, 21% nutzen die Bilder nur zur Dokumentation, 20% nutzen dies als Quelle für eine Publikation, 18% für die Archivierung und 17% der Benutzer Prozessieren die Bilddaten (N=67).

22% der Benutzer wollen ihre Bilder analysieren. Zirka 20% machen ihre Bilder für die Dokumentation der Tätigkeit beziehungsweise für Experimente oder zur Publikation. Bildbearbeitung und Archivierung wird in 17% beziehungsweise 18% der Fälle durchgeführt.

Beschreibungen von typischen Bildanalyseproblemen der Teilnehmer. Die Teilnehmer wurden aufgefordert, in freien Worten zu beschreiben, was sie mit den Bildern tun. Hier ein Auszug aus dieser Liste.

Beschreibung	**Bildbeispiel**
"I am looking at intracellular distribution of proteins labeled with fluorescence markers"	
"I count the number of stained nuclei to quantify the growth of the cellular population"	
"Count the pixels within my images"	
"I'm measuring inflammatory areas on prostate slices. I'm also measuring the volumes of the prostate by converting it into a 3D-model"	
"...To analyze the component distribution by line profile in X-ray mapping"	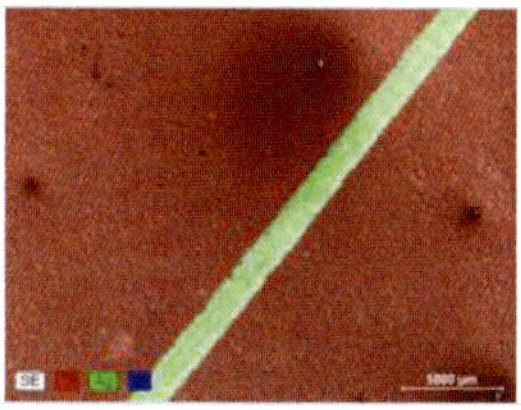
"I do some band filtering on an image, and from the pixel values pull out a single number (determine the variance of the pixel values)"	
"I analyze pharmaceuticals for size, morphology, breakage, texture etc."	
"Data analysis, backup, improve quality"	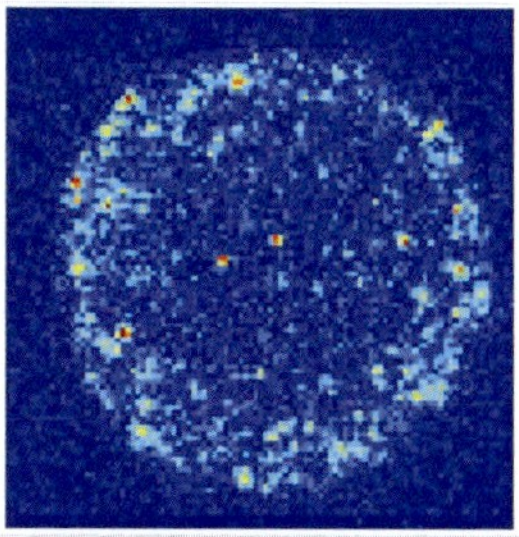
"Store them for ready use and also eventually publish outlines of data"	
"Analyze, archive and compare. Digital processing"	
„Noise and signal intensity analysis"	

"Generate sample images for evaluation scenarios"	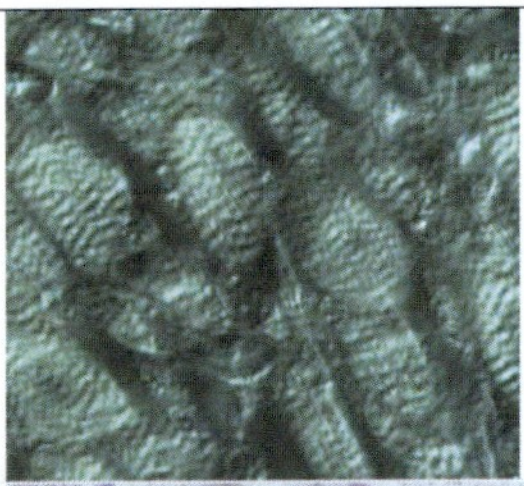
"Store them, manipulate Contrast, Color and Brightness etc. Count silver grains in an in situ (Black pixels over a ROI) Do multiple channel overlays. Acquire images with the same software, but have a version for my Laptop to manipulate the Images elsewhere"	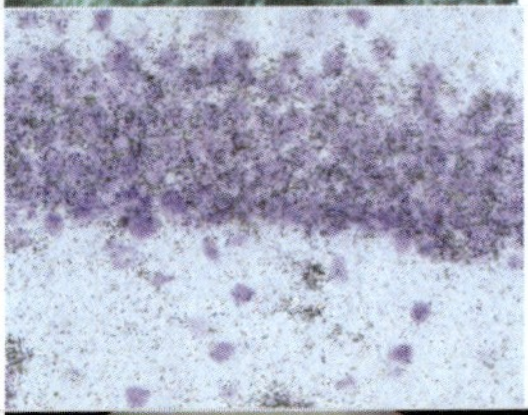
"I'll describe state of cell nuclei's some parameters"	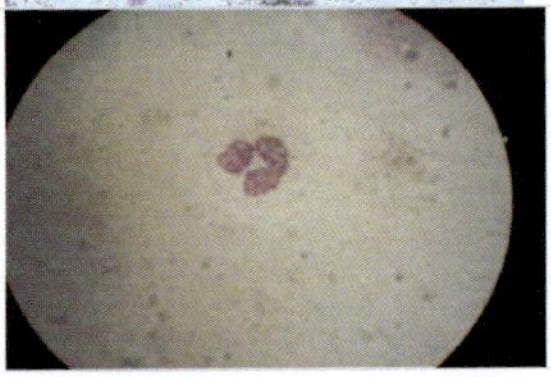
"Quantifying size, morphology and fluorescence intensities or growing microbes"	
„3D-reconstruction, co-localization"	
„Analysis for research and publication"	
"Measure intensities measure morphological parameters"	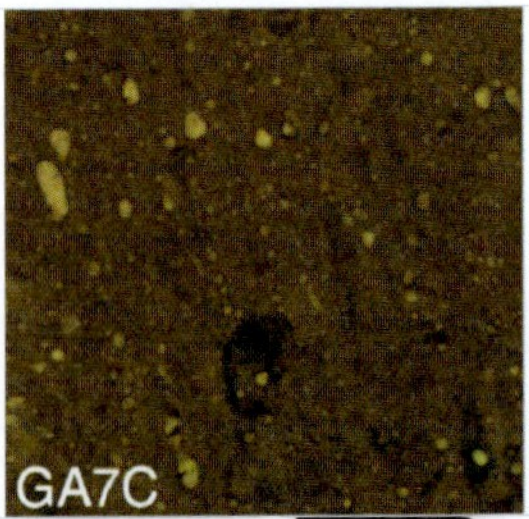 GA7C
„Contrast adjustment, Histogram, Sharpen"	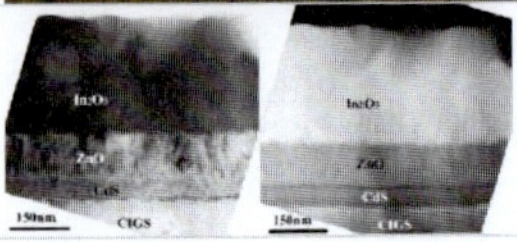
„Molecular reconstruction"	
„Processing and analysis"	

"Quantitative analysis: Count the number of objects, measure their center-to-center distance (in 3D for confocal stacks); and particle tracking"	
„For publication and archiving"	
„Various documentation and archiving"	
„Analyze shapes and spatial relationships"	
"1. Processing 2. Analyses 3. Publication"	
"Images are used as record, means of gathering data, for reports and final publication"	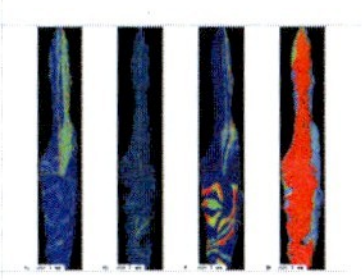
„Fourier based analysis and filtering"	
"Volumemetric measurements"	
"Metallurgical analysis, point count, morphology, size and distribution"	
"Use them to explain results, good or bad, for scientists"	
"Get better depth of field resolution with light microscope images"	
"Create a reference base in order to judge the effect of experimental parameters"	

“Import-export in different formats without loosing the information in Z axes (SPM images)”	
“Research service lab; quantification of specific structures”	
„Publish them“	
„Automatic analysis“	
“Currently most of my imaging is done to record results. We are not currently measuring size or cell counts/unit area, although this may be done in the near future”	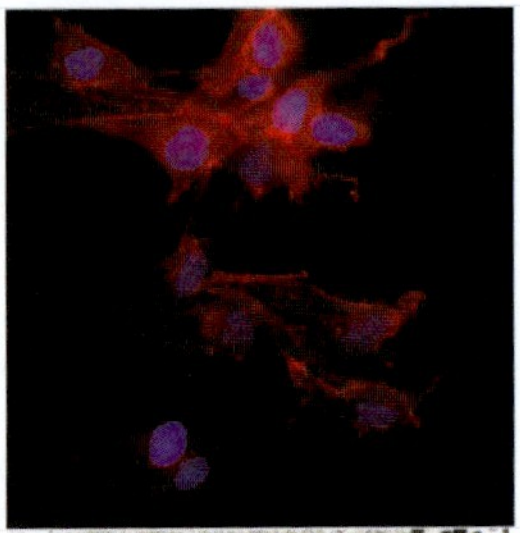
“Perform statically analysis, describe physiological events in cell samples and tissues”	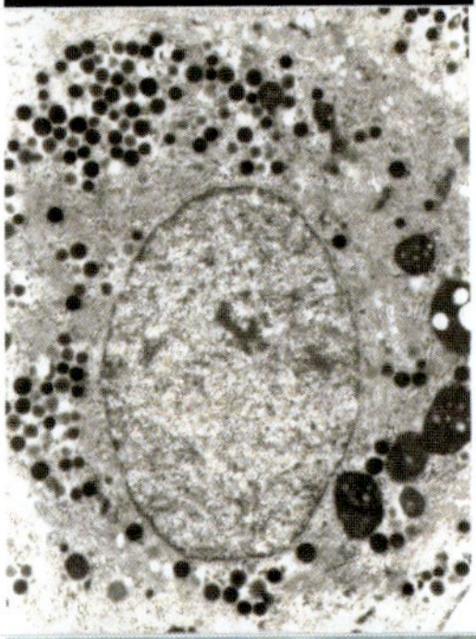
„Publication and documentation“	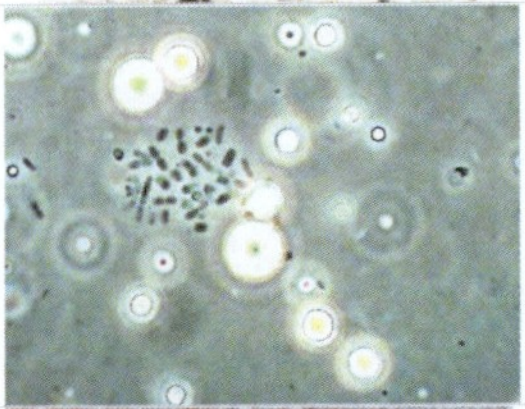
“Basic photo editing and archiving”	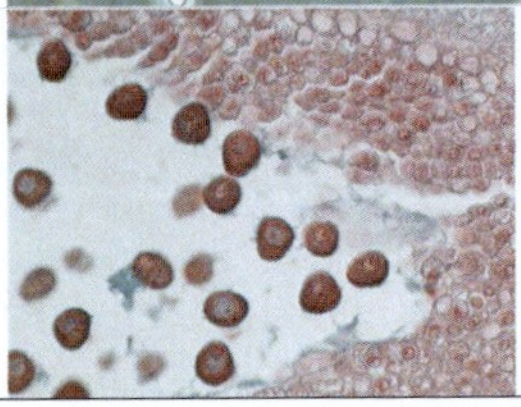

"Save acquired images along with the data from analysis, be able to archive and retrieve the images and data without having to be a computer programmer preferably using 16 bit images"	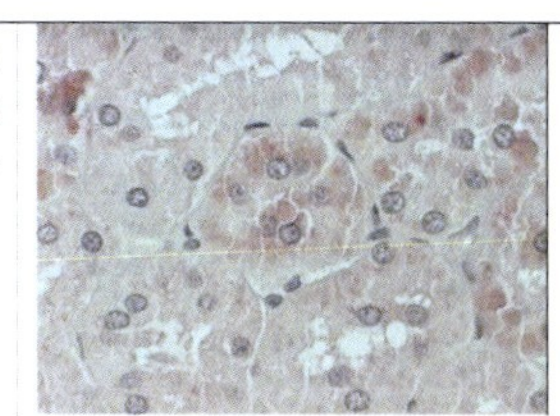
„Analyze cell movement and location"	
"Most images are for illustration purposes, some for measurement"	
"I assume you mean that which I am not now doing. I would like to bring detail out of a fuzzy image, like NASA does. I would also like to overlay two images, like I do with the Zeiss LSM software, where I put one image in the RED plane, another in the GREEN plane, and then turn on RGB"	
"White balance, force color channel enhance or suppress, optimize contrast for part of image, optimize gamma for part of image, color match to printer"	

4.3 Contextual Design

Bei Anwendung der Methodik nach Bayer und Holzblatt (6) ergaben sich folgende Ergebnisse.

4.3.1 Flussmodell

Betrachtet man die Rollen in dem Gesamtprozess am Beispiel eines biomedizinischen Labors (siehe Abbildung 39), so zeigen sich verschiedene Aspekte. Der Forscher beginnt damit, ein Experiment zu planen. Dann folgt die Vorbereitung des Experiments. Dazu benötigt er als Interaktionsobjekte:

- Die Zellen
- Das Laborbuch
- Den Laborarbeitsplatz
- Die Chemikalien
- Die Probe

Wurde das Experiment durchgeführt, beginnt der Forscher damit seine Analysen durchzuführen. Dies geschieht in der Mehrzahl der Fälle an einem andern Ort, als die Vorbereitung des Experiments. Bei dieser Analyse wird von der Probe mit dem Mikroskop ein Bild erstellt, eine PCR oder FACS gemacht, oder durch weitere Verfahren analysiert. Das Ergebnis ist in den meisten Fällen ein oder mehrere Datensätze (.csv oder .xls) oder ein oder mehrere Bilder. Diese Daten oder Bilder werden dann weiter meist auf den Arbeitsplatzrechner übertragen. Dies erfolgt mittels USB-Stick, CD-ROM oder dem Netzwerk. Am Arbeitsplatz werden dann die Daten gesichtet und erste Reports geschrieben. Diese Berichte werden mit dem Vorgesetzten oder anderen Kollegen besprochen.

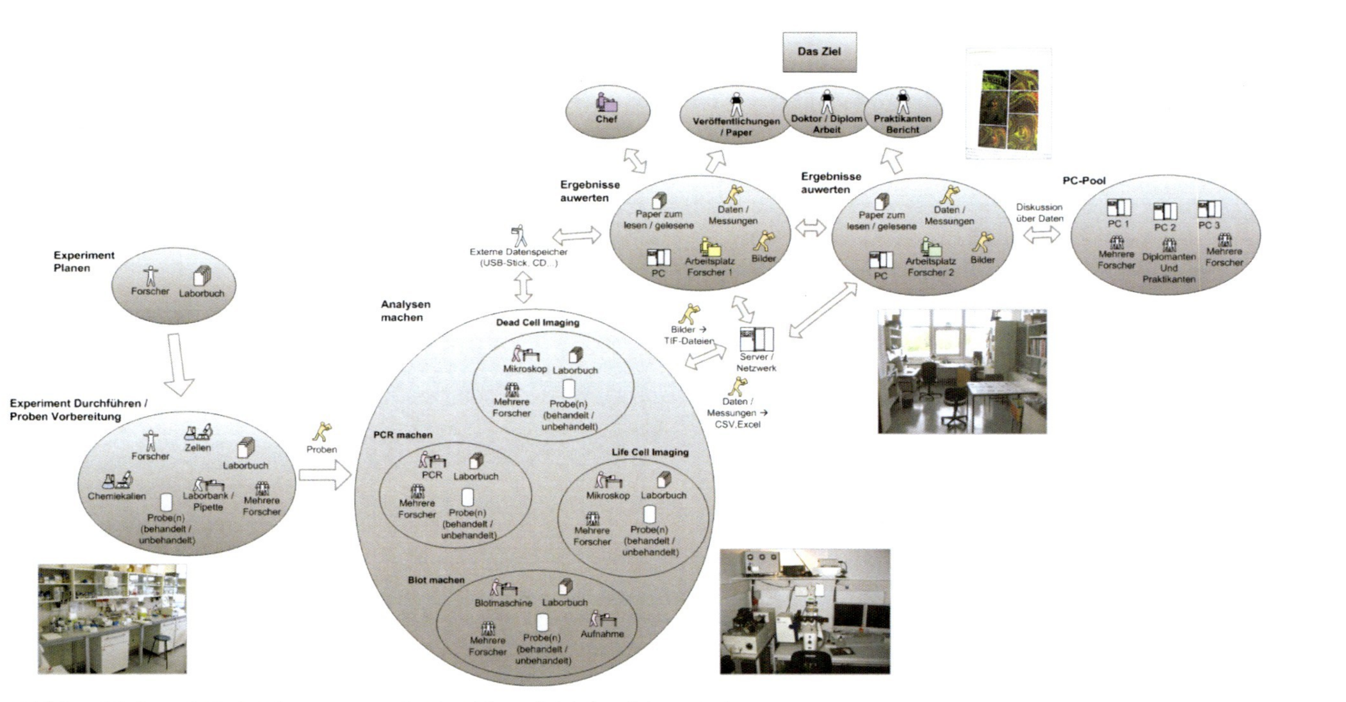

Abbildung 39: Exemplarischer Gesamtprozess in einer biomedizinischen Laborumgebung.

Ein biomedizinischer Forscher plant ein Experiment. Nach dieser Planungsphase erfolgt die Vorbereitungsphase. Dabei werden erste Proben vorbereitet und diese Proben anschließend analysiert. Bei dieser Analyse benutzt der Forscher verschiedene Methoden wie zum Beispiel PCR, Blotting, Mikroskopie, usw. die Ergebnisse sind dann Daten die als Bilder oder Datentabellen vorliegen. Diese Daten gelangen über Datenträger oder Datennetze an den Ort der Auswertung, was in den meisten Fällen ein anderer Rechner ist. Nach der Auswertung der Ergebnisse werden die Daten über Server anderen Benutzern zur Verfügung gestellt und für ein Veröffentlichung und/oder einer Präsentation benutzt.

Der Prozess (siehe Abbildung 40 und Abbildung 41) der Segmentierung verläuft immer eingebettet in andere Prozessschritte. Hierbei zeigt sich eine Einteilung der Benutzer in die verschiedenen Rollen:

- Planer
- Durchführer / Aufnehmer
- Auswerter
- Interpreter
- Bewerter

Diese Rollen der Personen bedeuten nur eine semantische Einteilung. Es schließt keineswegs aus, dass alle Aktionen von einer realen Person ausgeführt werden können.

Der Planer am Anfang des Prozesses hat mehrere Verantwortlichkeiten. Er plant das Experiment in all seinen Einzelheiten. Dafür benötigt er eine Testmethode. Diese erhält er durch Suchen und Anwenden oder er erstellt eine neue. Er ist auch die Person, die das Ergebnis des Experiments kennt. Der Planer erstellt ein Versuchsprotokoll, das diese Informationen beinhaltet. Dies wird kommuniziert an den „Durchführer".

Der Durchführer benutzt die im Versuchsprotokoll enthaltenen Informationen um das Experiment auszuführen. Dabei erhält er dann die Bilder nach den Vorgaben des Planers. Sind die Bilder vorhanden, werden vom Durchführer einige Vorverarbeitungsschritte getätigt. Dabei kann dieser dann auch die Daten „verblinden", wie es für eine Doppelblindstudie üblich ist. Diese Bilder gelangen dann zum „Auswerter".

Der Auswerter beginnt damit die Bilder auszuwerten. Darin enthalten ist auch der Schritt der Bildanalyse inklusive der Segmentierung. Hier entstehen dann aus den Bilddaten Messwerte, Visualisierungen oder ähnliches. Ist die Auswertung abgeschlossen, wird ein Bericht mit den Ergebnissen erstellt. Diese Analysedaten werden dann an einen Interpreter zur Bewertung weitergeleitet.

Der Interpreter beginnt nun die Daten aufgrund von domainspezifischem Wissen, Vorerfahrungen oder anderen Kriterien zu bewerten. Diese Bewertung hat dann sehr oft Rückwirkungen auf das Planen eines Experiments durch den Bewerter. Die Person ist sehr häufig in der Hierarchie höherstehend als der Auswerter oder Durchführer.

Hier zeigt sich der große Einfluss der Interpretation und Bewertung der Daten auf die Bildanalyse. Das Problem dabei ist jedoch, dass der Interpreter häufig nur die Daten und nicht die realen Bilder bewertet. Somit erfolgt das Feedback an den Aufnehmer zu spät.

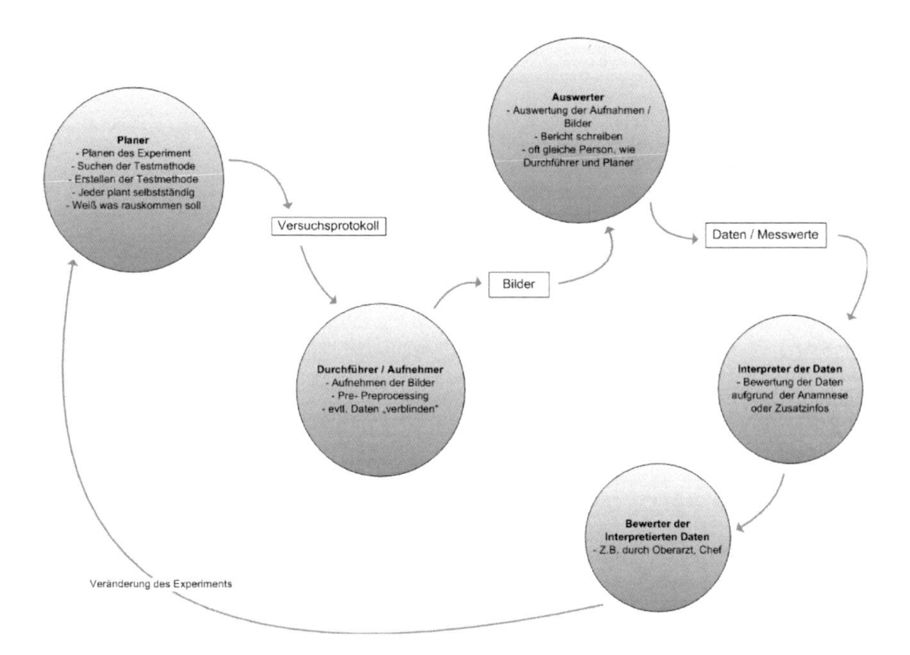

Abbildung 40: Das Flussmodell nach der Kontextanalyse.

Es gibt folgende identifizierte Benutzer: Der Planer, Durchführer / Aufnehmer, Auswerter, Interpreter und Bewerter. Der Planer plant ein Experiment. Dabei sucht er nach einer geeigneten Testmethode und erstellt ein Versuchsprotokoll. Diese wird dann an den Durchführer weitergegeben. Dieser führt dann dieses Experiment aus. Die so gewonnenen Bilder werden anschließend von dem Auswerter weiter analysiert. Die Daten und Messwerte die dann entstehen werden von einem Interpreter innerhalb des Kontextes bewertet. Dies wird auch nochmalig von einer höher gestellten Person verifiziert. Dies führt dann häufig zu einer Modifikation des Experiments durch den Planer.

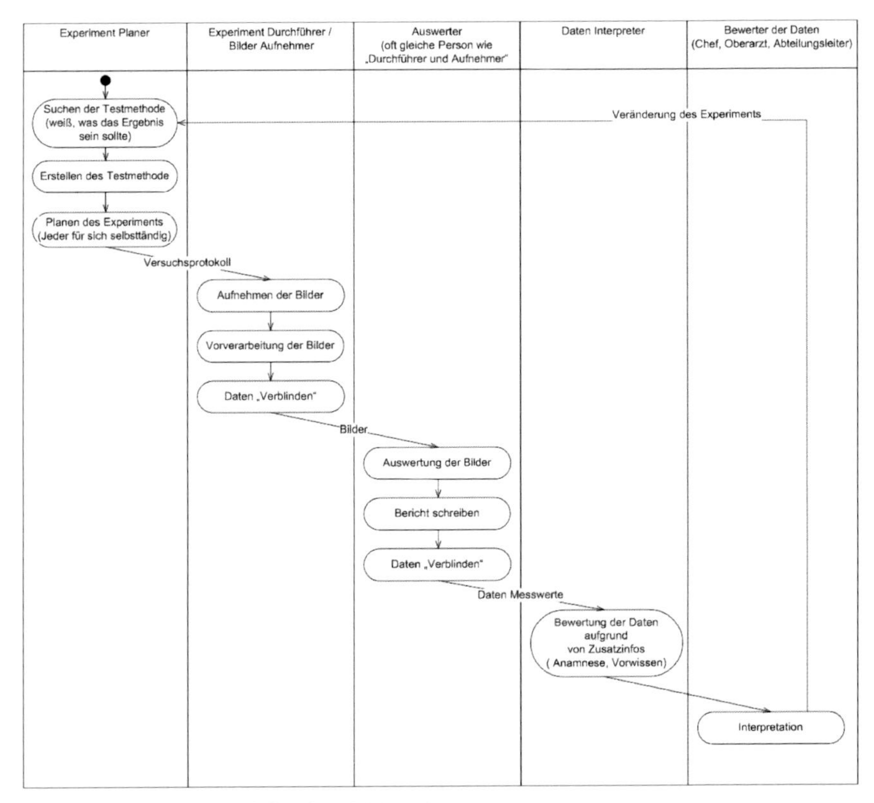

Abbildung 41: Das Flussmodell in der UML Notation.

Der Experimentplaner sucht nach einer Testmethode. Ist diese gefunden, plant er das Experiment. Dieses wird in einem Versuchsprotokoll niedergeschrieben. Der Durchführer führt das Experiment dann aus und erhält Bilder. Diese Bilder übergibt er zur Auswertung dem Auswerter. Dieser schreibt einen Bericht und übergibt die Messergebnisse dem Interpreter. Dieser bewertet die Messdaten aufgrund des Kontextes. Dies erfolgt auch in Absprache mit einem Chef oder Vorgesetzten. Nach Abschluss erfolgt oft wieder eine Veränderung des Experiments.

4.3.2 Ablaufmodell

Die Arbeitsschritte beginnen mit der Absicht eine neue Zellkultur, Wirkstoff, Probe oder einen Patienten zu untersuchen (Abbildung 42 und Abbildung 43). Dabei ist der Auslöser zum Beispiel, dass das Gerät frei ist und benutzt werden kann. Dies ist vor allem bei sehr komplexen und teuren Geräten der Fall. Oftmals kommt es hier aber nicht zu einer nahtlosen Übergabe. Es wird versucht, dies durch Zeitpläne zu umgehen. Dafür werden zum Teil sehr aufwändige Webkalender von den Instituten selbst programmiert. Bei anderen Personen war das Eintreffen der Patienten oder Probanten der Auslöser. Auch das Ende oder ein Zwischenschritt eines Experiments kann den Arbeitsschritt initiieren.

Der Ablauf selbst beginnt mit dem Planen des Experiments. Dazu wird ein Versuchsprotokoll erstellt. Ist dieses erstellt, werden ggf. Patienten einbestellt oder Zellen vorbereitet. Anschließend wird eine Aufnahme erstellt. Diese Daten werden dann sehr oft von dem Aufnahmegerät an ein anderes Gerät transferiert, an dem dann die Daten analysiert werden.

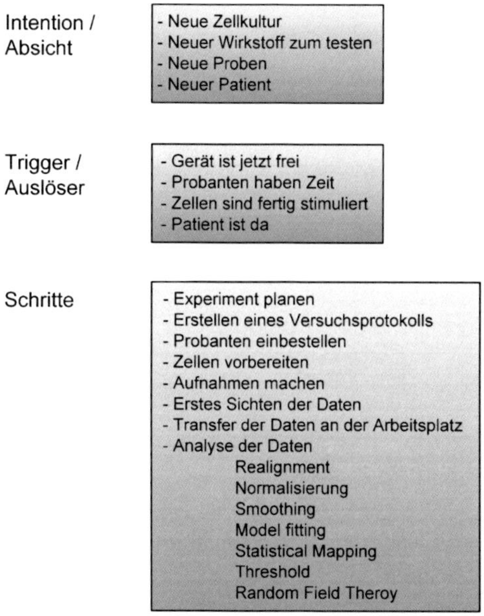

Intention / Absicht
- Neue Zellkultur
- Neuer Wirkstoff zum testen
- Neue Proben
- Neuer Patient

Trigger / Auslöser
- Gerät ist jetzt frei
- Probanten haben Zeit
- Zellen sind fertig stimuliert
- Patient ist da

Schritte
- Experiment planen
- Erstellen eines Versuchsprotokolls
- Probanten einbestellen
- Zellen vorbereiten
- Aufnahmen machen
- Erstes Sichten der Daten
- Transfer der Daten an der Arbeitsplatz
- Analyse der Daten
    - Realignment
    - Normalisierung
    - Smoothing
    - Model fitting
    - Statistical Mapping
    - Threshold
    - Random Field Theroy

Abbildung 42: Das Ablaufmodell

Das Ablaufmodell beschreibt den sequentiellen Ablauf der Arbeit. Dabei gibt es verschiedene Intentionen und Auslöser. Der eigentliche Ablauf startet dann im Anschluss.

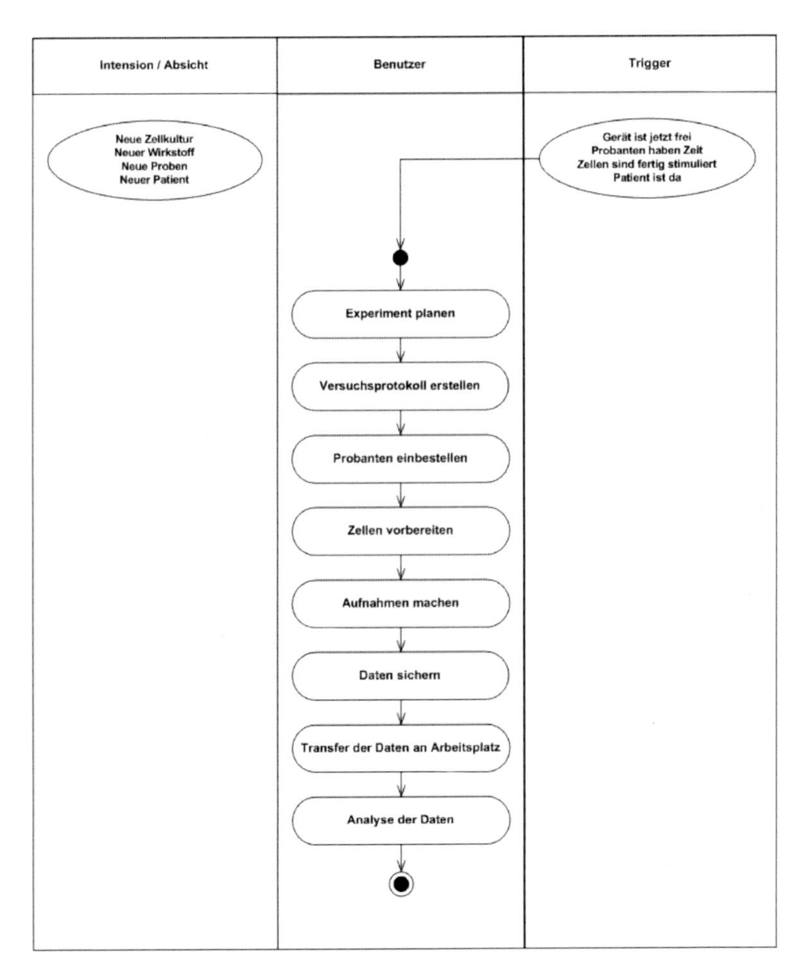

Abbildung 43: Ablaufmodell in leicht modifizierter UML Notation.

Die Intention für die Arbeit entsteht durch eine neue Zellkultur, Wirkstoff, Probe oder Patient. Der Trigger für den Ablauf ist ein Patient, der einen Termin hat, ein freies Gerät oder stimulierte Zellen. Dieser Trigger löst dann den Ablauf aus. Der Benutzer beginnt dann das Experiment zu planen und ein Versuchsprotokoll zu erstellen. Dann werden die Probanten einbestellt oder die Zellen vorbereitet und die Bilder aufgenommen. Anschließend werden die Daten gesichert und nach dem Transfer an den Arbeitsplatz analysiert.

4.3.3 Arbeitskulturmodell

Arbeitsabläufe beinhalten oft eine Fülle an unsichtbaren Interaktionen. Diese Arbeitsweisen sind in Institutionen häufig als Firmen- oder Institutskulturen vorgegeben. Die Art und Weise, wie die Arbeit gemacht wird besteht häufig aus einer komplexen Interaktionsweise.

Als beeinflussende Personen in dem Prozess der Bildanalyse konnten identifiziert werden (vergleiche Abbildung 44):

- Experimentator
- Kollegen
- Erfahrene Kollegen
- Geldgeber oder Drittmittelgeber
- Chef, Professor, Leiter
- Laborinformatiker
- Consultants oder Vertriebsmitarbeiter von Software Firmen.

Die zentrale Rolle spielt der Experimentator. Er hat die Aufgaben Bilder aufzunehmen, diese auszuwerten und zu analysieren. Anschließend erfolgt oft eine erste Interpretation der Daten. Er ist auch dafür verantwortlich die GLP (Good Labaratory Practice) einzuhalten und als Endresultat eine Veröffentlichung zu schreiben und zu publizieren. Er selbst präsentiert seine Ergebnisse häufig in wöchentlichen Besprechungen seinem Chef. Dieser gibt im Gegenzug Anmerkungen und Verbesserungsvorschläge zurück. Bei Fragen, in denen er weitere Hilfe braucht, wendet er sich oft an erfahrene Kollegen. Diese sind sehr häufig direkt und schnell verfügbare Personen.

Benötigt der Experimentator eine Lösung in Form von am Markt verfügbarer Software, so wendet er sich häufig an einen Vertriebsmitarbeiter einer Firma. Diese Vertriebsmitarbeiter beliefern dann ihren Kunden mit Software oder kundenspezifischen Lösungen und Dienstleistungen.

Kollegen mit gleichem Wissensstand geben mehrfach direkt Tipps an den Experimentator, wenn sie bemerken, dass es einen besseren Lösungsweg geben würde.

Der Chef, meist Professor oder Abteilungsleiter, ist meistens sehr mit organisatorischen Angelegenheiten beschäftigt. Sein Hauptaugenmerk liegt häufig in der finanziellen Optimierung des Betriebes. Dadurch interagiert er sehr häufig mit Geldgebern, beziehungsweise Drittmittelgebern. Diese fordern im Gegenzug dann häufig Veröffentlichungen, Zwischenreports oder andere Rechenschaftsberichte.

Eine der wichtigsten Interaktionen im Prozess der Bildanalyse stellt aber der Dialog zwischen Experimentator und dem Laborinformatiker dar. Der Experimentator erklärt dem Informatiker sein Bildanalyseproblem. Dazu dienen oft Beispielbilder und Beispiellösungen. Der Informatiker versucht nun auf der Basis dieser Daten eine Software, Makro oder Skript zu erstellen. In dieser Interaktion zeigt sich jedoch ein sehr großes Problem. Der Informatiker spricht häufig nicht die „Sprache" des Anwenders. Dies bedeutet, dass die Problembeschreibung häufig nicht ausreichend für den Informatiker ist. Auch werden bestimmte Annahmen, die für den Experimentator als „selbstverständlich" angesehen werden, von dem Informatiker nicht verstanden und daher auch nicht berücksichtigt.

Dabei sind es nicht so sehr die technologischen Themen, sondern viel mehr die domänenspezifischen Wissensunterschiede. Der Biologe weiß, dass ein Astrozyt immer sternförmig aussieht, wenn er jedoch in ein nekrotisches Stadium übergeht, sich rundlich verformt. All dieses Wissen muss aber, wählt man einen modellbasierten Ansatz, in den Prozess der Algorithmusentwicklung eingehen.

Ganz ähnliche Probleme treten bei der Interaktion zwischen dem Experimentator und dem Vertriebsmitarbeiter auf.

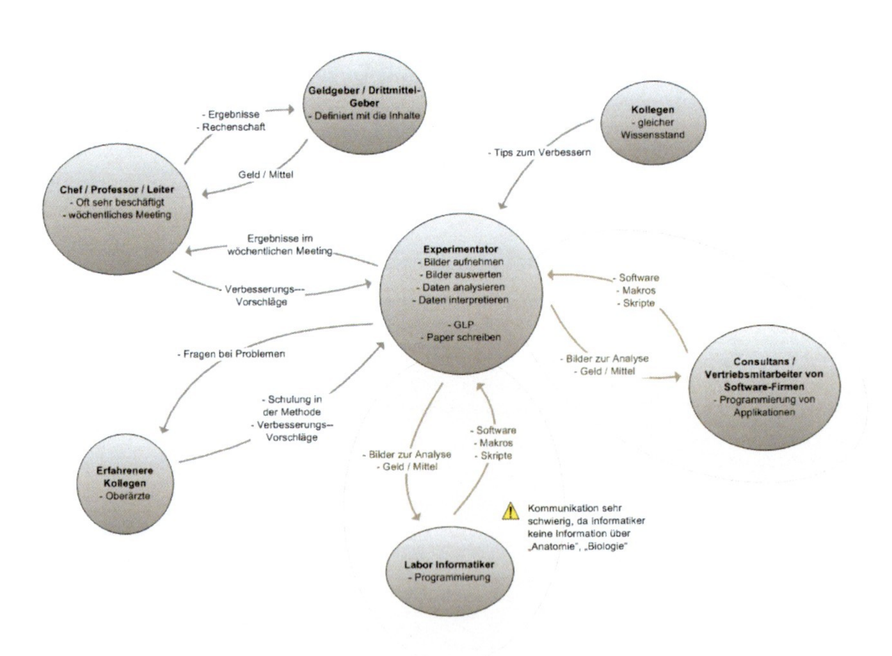

Abbildung 44 Arbeitskulturmodell für die Bildanalyse.

In den Kreisen sind die beeinflussenden Personen bei dem Arbeitsablauf der Bildanalyse dargestellt. Die Pfeile zeigen den Einfluss auf die Arbeit. Die Abstände der Kreise zeigen die Nähe und den Abstand des Einflusses.

4.3.4 Arbeitsplatzmodell

Beim Arbeitsplatz kann zwischen den verschiedenen Arbeitsplatztypen. In der Kontextanalyse wurden zwei von diesen detailliert untersucht (siehe Abbildung 45).

Bei einem typischen Mikroskopieumfeld gibt es häufig drei typische Arbeitsbereiche, die sich häufig in unterschiedlichen Räumen befinden. Erstens der Mikroskopiearbeitsplatz. An diesem steht das Mikroskop selbst, ein Rechner mit Tastatur und Maus. Dieser Raum ist in den meisten Fällen fensterlos bei Fluoreszenzanwendungen oder heller zum Beispiel bei Phasenkontrast oder Hellfeldanwendungen. An diesem Arbeitsplatz arbeiten häufig mehrere Benutzer nacheinander mit hoher Auslastung, da dieses Gerät in den meisten Fällen sehr teuer ist und daher eine hohe Auslastung hat. Daten von diesem Arbeitsplatz werden oft per USB-Stick, CD-ROM, DVD oder per Netzwerkverbindung auf den Arbeitsplatzrechner übertragen. Dies geschieht entweder direkt oder über einen lokalen Laborserver.

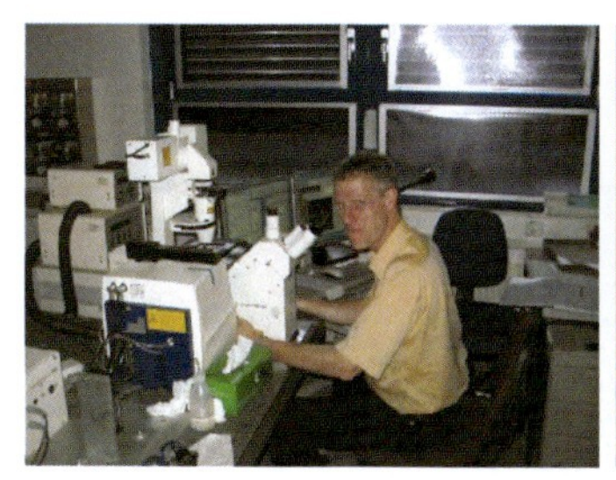

Abbildung 45: Bilder von typischen Mikroskopiearbeitsplätzen.
Deutlich zu erkennen ist der beengte Raum und die abgedunkelten Fenster.

An dem Arbeitsplatzrechner arbeitet häufig nur ein Benutzer. An diesem werden dann die aufgenommenen Daten gesichtet, bewertet und analysiert. Diese Arbeitsplatzrechner stehen oft in einem Raum mit mehreren Arbeitsplatzrechnern. Einzelne Arbeitsplätze sind nicht selten unter 2qm groß (vergleiche Abbildung 46 und Abbildung 47).

Abbildung 46: Fotos von realen Arbeitsplätzen, an denen die Benutzer die Bilder weiterverarbeiten und auswerten.

Die eigentliche Vorbereitung der Proben für eine Aufnahme am Mikroskop erfolgt an dem Laborarbeitsplatz. Dieser befindet sich häufig in einem Raum mit mehreren Laborbänken. Diese Laborbänke unterteilen den Raum in längliche Unterräume. Die Laborbank ist ca. 40cm tief und so lang, wie der Raum. In so einem Bereich arbeiten oft 2-4 Personen gleichzeitig. Hier befinden sich an den Wänden oder im hinteren Arbeitsflächenbereich häufig technische Geräte oder Chemikalien.

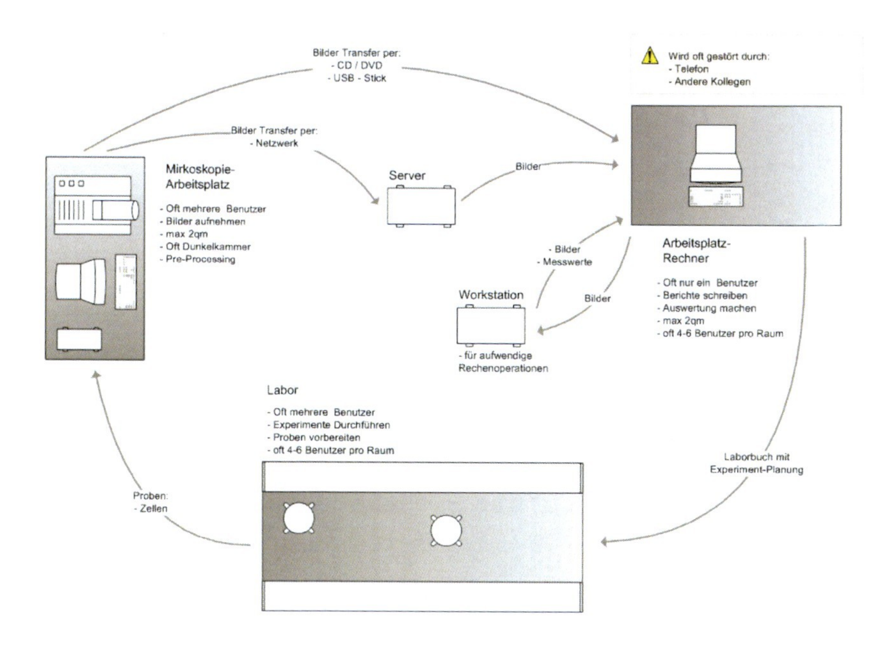

Abbildung 47: Modell für einen typischen Mikroskopie Arbeitsplatz

Die an dem Mikroskopiearbeitsplatz aufgenommenen Bilder werden an den Arbeitsplatzrechner über ein LAN oder andere mobile Datenträger transferiert. Dort erfolgt die Auswertung der Daten. Hier ist auch der häufigste Störfaktor: Andere Kollegen und das Telefon. Die Experimente selber werden in einem separaten Labor durchgeführt. Dort arbeiten aber genauso wie in dem Raum, in dem der Arbeitsplatzrechner steht mehrere Personen gemeinsam. In der Regel 4-6 Personen.

Der zweite Typ von einer untersuchten Bildanalyse Arbeitsumgebung ist der Ultraschallarbeitsplatz (siehe Abbildung 48 und Abbildung 49). Bei diesem können drei Unterteilungen beobachtet werden. Bei der Untersuchung des Patienten selbst gibt es das Aufnahmegerät. Dieses steht oft in einem abgedunkelten Raum. Es steht meist auf einem fahrbaren Wagen mit Monitor. Dieser Wagen steht dann seitlich an einer Krankenliege. Der Patient liegt auf der Liege, während der Arzt mit der einen Hand den Schallkopf auf den Patienten hält und mit der anderen Hand (einhändig) das Gerät bedient.

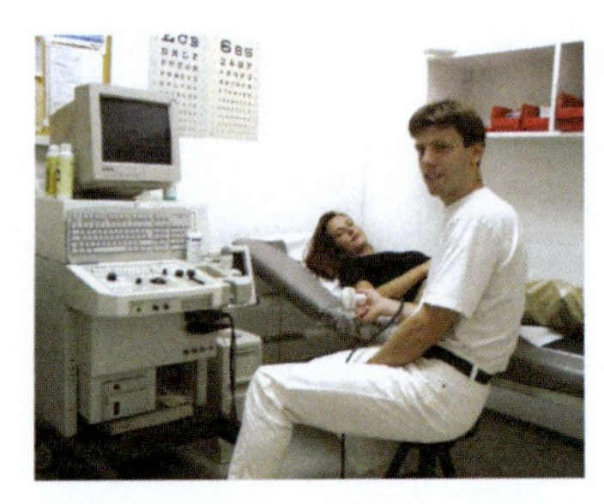

Abbildung 48: Typischer Ultraschalluntersucherarbeitsplatz.

Gut zu erkennen ist Gerätewagen auf der einen und die Patientenliege auf der anderen Seite. Der Arzt muss den Schallkopf mit der einen Hand halten und dadurch bleibt ihm nur eine Hand zur Bedienung für das Ultraschallgerät.

In einigen Fällen wird die Analyse der Bilder und Daten direkt an dem Ultraschallgerät durchgeführt. In anderen hingegen, werden die Daten von dem angeschlossenen Rechner auf einen anderen Arbeitsplatzrechner übertragen. An diesem Arbeitsplatzrechner werden dann weitergehende Analysen durchgeführt, die nicht am anderen Gerät zur Verfügung stehen, oder wenn das Ultraschallgerät unmittelbar nach der Aufnahme von einem anderen Benutzer benötigt wird.

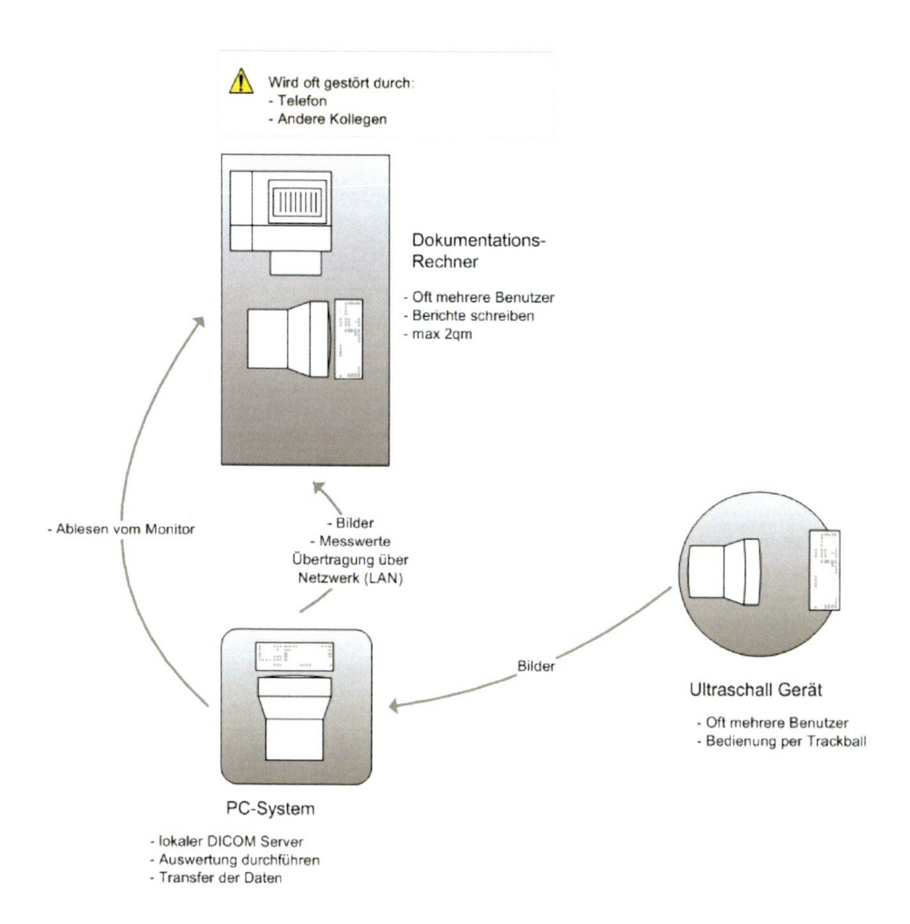

Abbildung 49: Modell für einen typischen Ultraschall Arbeitsplatz.

Am Ultraschallgerät aufgenommene Bilder werden oft an einen lokalen DICOM-Server oder direkt in ein PACS-System eingespielt. Von dort werden die Daten dann von einem Dokumentationsrechner abgerufen.

4.3.5 Segmentiermodell

Durch die intensive Diskussion mit den Benutzern ergab sich das folgende Modell (Abbildung 50) für die Durchführung einer Segmentation von digitalen Bilddaten. Dabei lässt sich eine Sammlung von Bildern, die analysiert werden sollen, zu Problemklassen zusammenfassen. Diese Problemklassen bestehen in der Regel aus Bildern, einer Modalität und einer Problemdomäne.

Auf diese Problemklassen werden dann verschiedene Methoden und Algorithmen zur Bildanalyse und Bildverarbeitung angewendet. Sehr häufig durch Software für den speziellen Anwendungsfall. Dabei wird oft durch „trial and error" versucht den richtigen Parametersatz zu bekommen. Führt dies nicht zum Ziel oder ist keine spezielle, vorgefertigte Softwarelösung vorhanden, wird versucht mit programmierbaren Softwaresystemen (zum Beispiel, ImageJ, IPLab, IPTools,...) eine Lösung zu finden. Häufig werden dabei kostenlose Programme benutzt. Bei der Lösung des Problems werden oft mehrere verschiedene Schritte durchgeführt. Diese erfolgen entweder sehr interaktiv oder automatisiert. Was in der Diskussion mit den Benutzern aufgefallen ist, war die Tatsache, dass das System der Bildanalyse oft als „black box" angesehen worden ist. Wie die Funktionen genau benutzt werden sollen oder für welche Anwendungsfälle diese sinnvoll sind, war nicht bekannt. Auch welche Vor- und Nachteile die einzelnen Algorithmen haben war unbekannt. Weiterhin gab es im überwiegenden Teil der Fälle kein Wissen über alternative Segmentiermethoden zur Segmentierung über Intensitätsschwellwerte.

Das Resultat ist nicht selten eine Sammlung von Bildern und / oder Daten. Diese Daten sind sehr häufig Datentabellen und / oder Graphen. Diese werden oft zu Ergebnissen zusammengefasst. Dabei werden die Ergebnisse dann häufig qualitativ oder quantitativ ausgewertet.

Im Anschluss an die Ergebniserstellung folgt die Interpretation der Daten. Diese Interpretation erfolgt im Kontext des domänenspezifischen Wissens des Benutzers. Danach schließt sich die Präsentation der Ergebnisse mit Diskussion und Bewertung an. Diese haben dann sehr häufig wiederum Einfluss auf die Anwendung der Methoden und Algorithmen.

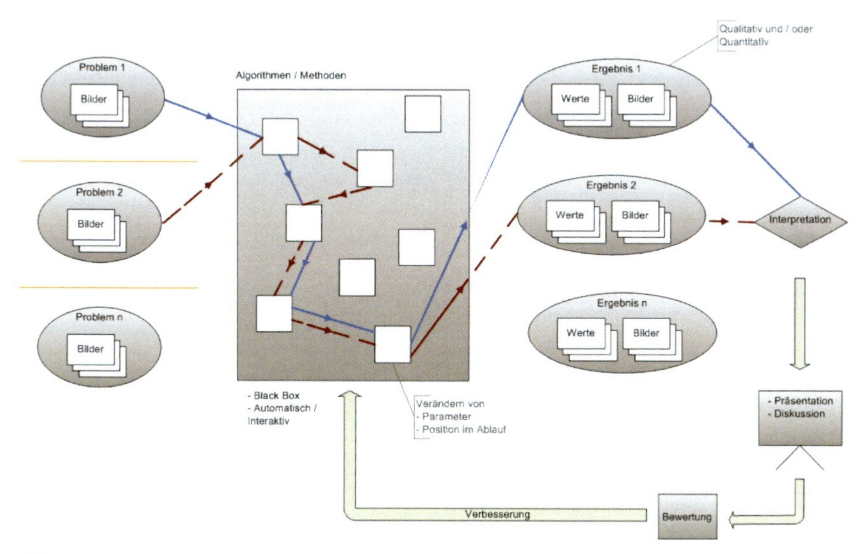

Abbildung 50: Modell für die Segmentierung von digitalen Bilddaten.

Bilder die analysiert werden sollen können zu Problemklassen zusammengefasst werden. Diese Bilder in den Problemklassen decken einen bestimmten Problemraum ab. Die Bilder dieser Problemklassen werden durch die Verarbeitung mit verschiedenen Methoden und Algorithmen analysiert. Dabei gibt es beliebig viele Methoden, Parameter und Aneinanderreihung dieser. Als Resultat ergeben sich Bilder und Messwerte. Diese werden interpretiert und weiter diskutiert. Anschließend erfolgt eine Bewertung. Diese hat oft eine Anpassung der Algorithmen und Parameter der Methoden zur Folge.

Aus den verschiedenen bisher beschriebenen Modellen ergaben sich im Einzelnen folgende Probleme bei der Bildsegmentation:

- Die Probleme sind im Allgemeinen sehr fachspezifisch. Es erfolgt kein Austausch zwischen den Fachbereichen zur Problemlösungsfindung.
- Innerhalb eines Problems gibt es oft Variationen der Bildinhalte.
- Die Probleme der einzelnen Personen sind oft generalisiert vorhanden. Zum Beispiel das Problem der Messvalidierung.
- Es gibt sehr häufig für ähnliche Bildanalyseprobleme mehrere unterschiedliche Lösungen.
- Bei der Anwendung der Methoden und Algorithmen liegt eine Schwierigkeit häufig bei der Einstellung der optimalen Parameter.
- Welche Bildanalyseschritte sollten sinnvoll nacheinander ausgeführt werden?
- Welche verschiedenen verfügbaren Algorithmen gibt es überhaupt, und in welcher Software?
- Gibt es für meine Problemstellung eine Standardanalysemethode?
- Wie sollten die Ergebnisse statistisch sinnvoll ausgewertet werden?
- Was ist ein „richtig" segmentiertes Objekt? Hier wurde von den Benutzern sehr oft von einem „mulmigen" Gefühl bei der Genauigkeit und Korrektheit berichtet.
- Bei dem Versuch das Bildanalyseproblem zu lösen wird häufig kostenlose Software benutzt, was aber sehr zeitintensiv ist, da sehr viele eigene Anpassungen erfolgen müssen.
- Versucht der Benutzer einen eigenen Code zu programmieren, ergeben sich häufig dadurch Probleme, dass die Person oft ein zu geringes Wissen in der Programmierung und der Bildanalyse besitzt.

Probleme

- viele verschiedene Probleme nach unterschiedl. Fachbereichen
- Unterschiedliche Fachbereiche, kommunizieren nicht miteinander

Methoden

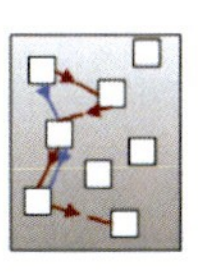

- Welche Parameter sind richtig?
- Wann sollte welcher Schritt ausgeführt werden?
- Welche Algorithmen gibt es überhaupt?
- Für welches Problem, Bilder, Daten → Welche Methoden?
- Standarts

Bilder

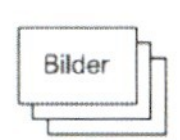

- oft Variationen innerhalb der Bilder
- oft ähnliche Probleme der Personen
- oft ähnliche Bildinhalte aber unterschiedliche Lösung

Ergebnis

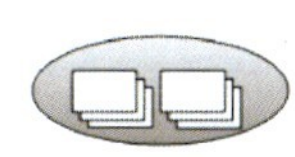

- Welche statistischen Methoden?
- Klassifikation
- Bekannte Randbreiche (= Mindestgröße der Objekte)

Interpretation

Softwarebasiert

- oft teuer, daher Einsatz von Open Source Software: ImageJ,... oder eigene Scripte, Makros,..

Eigene Programme (ImageJ, MeVisLab)

- Welche Algorithmen?
- Wann welche Funktion?
- Welche gibt Algorithmen es?
- Oft vom Labor-Informatiker
- Problem der Kommunikation
- Oft wenig technisches Wissen

Forum / Newsletter

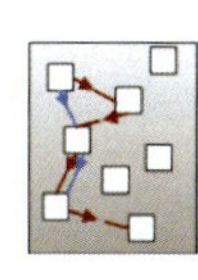

- Nur auf Software basiert
- Nicht auf das Bild-Problem bezogen
- Oft auf Methoden bezogen

Abbildung 51: Beschreibung der Probleme der Segmentierung nach Kategorien sortiert.

Aus den oben genannten Problemen ergeben sich nun folgende Lösungsansätze für die Verbesserung der Bildanalyse:

Die Lösungsbeschreibung sollte nicht von dem Fachbereich oder domänenspezifischen Problembereich, sondern von dem Bildinhalt abhängig sein. Dazu sollte die Problembeschreibung optimalerweise in einer „gemeinsamen" Bildproblemsprache formuliert werden.

Ein Beispiel für eine generelle Bildproblembeschreibung: „Ich suche alle hellen, runden und rote Objekte auf dem schwarzen Hintergrund". Die domänenspezifische Beschreibung wäre: „Ich suche das mit Rhodamine gefärbte HELA- Zytoplasma auf dem Zellrasen in der Petrischale ".

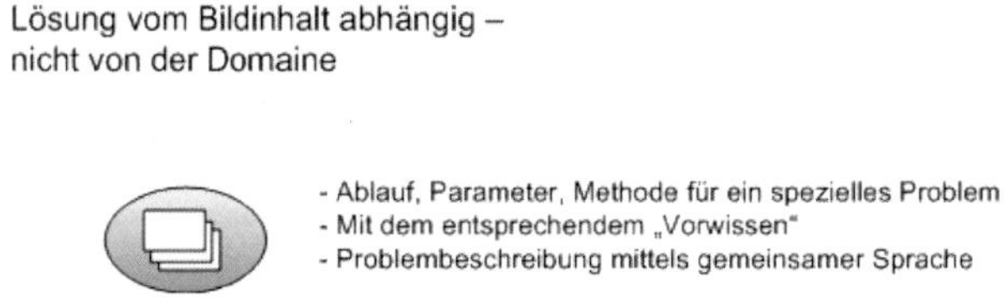

Lösung vom Bildinhalt abhängig –
nicht von der Domaine

- Ablauf, Parameter, Methode für ein spezielles Problem
- Mit dem entsprechendem „Vorwissen"
- Problembeschreibung mittels gemeinsamer Sprache

Abbildung 52: Beschreibung des Bildanalyseproblems abhängig vom Bildinhalt.

Ein weiterer Ansatz ist es, die Algorithmen kontextbasiert zu beschreiben und zukategorisieren. Dies bedeutet im Einzelnen:

- Wann kann der Algorithmus eingesetzt werden?
- Was sind die Vorteile der Methode, was die Nachteile?
- Was sind bekannte Probleme?
- Für welche Art der Bilder bzw. Problemstellungen eignet sich dieser besonders gut?
- Welche Software bietet diesen Algorithmus an?
- Welche Vorverarbeitungsschritte sind sinnvoll, welche notwendig?
- Wo findet man weitere Literaturhinweise?

All diese Beschreibungen sollten für jeden neuen sowie für alle bestehenden Algorithmen erstellt werden. Somit haben der Anwender, wie auch der Entwickler und die Softwareproduzenten den optimalen Überblick über die verfügbaren Methoden.

Ob und wie nun ein Anwender diese Algorithmen in seinem speziellen Problem anwendet, ist aber dennoch ihm selbst überlassen. Auf dieser Basis könnten dann auch Neuentwicklungen und Verbesserungen der Methoden erfolgen, da das Anwendungsspektrum besser bekannt ist.

Contextbasierte Algorithmen

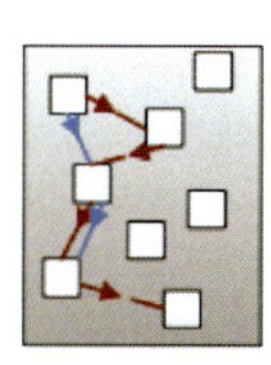

Informationen über die Algorithmen
- Wann eingesetzt
- Beschreibung
- Vorteile der Methode
- Nachteile der Methode
- Bekannte Probleme
- Anwendung für welche Bilder / Objekte
- Sinnvolle Parameter
- Was kommt vorher
- Was kommt nachher
- Literatur

Abbildung 53: Kontextbasierte Algorithmenbeschreibung.

Wichtig bei der Interpretation der Ergebnisse ist die Bewertung der Ergebnisse. Dies geschieht in den meisten Fällen durch Diskussion und Austausch zwischen mehreren Personen. Diese Kommunikation ist ein in der heutigen Bildanalyse sehr vernachlässigtes Thema. Ein Ergebnis ist noch lange nicht der Schlusspunkt der Prozesskette.

Nachdem die Bilder analysiert worden sind und die Datentabellen und Grafiken vorhanden sind, beginnt dieser Bewertungs- und Interpretationsprozess. Dabei wird über eine Sammlung von Bildern, die die Ergebnisse darstellen, gesprochen. Die Ergebnisse der Diskussionen gehen dann anschließend als Erfahrung in den Prozess ein. In den seltensten Fällen werden diese jedoch dokumentiert und mit den Bildern zusammen abgelegt und öffentlich zugänglich gemacht. Damit ist der Entstehungsprozess nur noch schlecht nachvollziehbar. Warum war Algorithmus A besser als B? Warum waren die Benutzer mit dem Algorithmus C nicht zufrieden und haben Algorithmus D benutzt, obwohl doch C besser geeignet sein müsste?

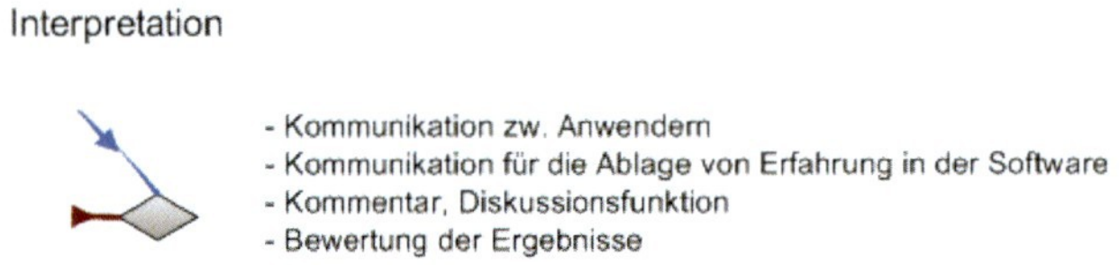

Interpretation

- Kommunikation zw. Anwendern
- Kommunikation für die Ablage von Erfahrung in der Software
- Kommentar, Diskussionsfunktion
- Bewertung der Ergebnisse

Abbildung 54: Hilfsmittel für die Interpretationen der Ergebnisse.

Zusammenfassend lässt sich das Konzept folgendermaßen beschreiben (vergleiche Abbildung 55 und Abbildung 56). In der Referenzbilddatenbank werden die Segmentierprobleme der Benutzer gespeichert. Diese Problembeschreibung wird entweder manuell oder mit dem Image Object Describer erstellt. Dieser schlägt auch für das beschriebene Problem eine gewisse Anzahl von möglichen Lösungsmethoden vor. Die detaillierte Beschreibung der Methoden ist in der Segmentiermethodendatenbank gespeichert.

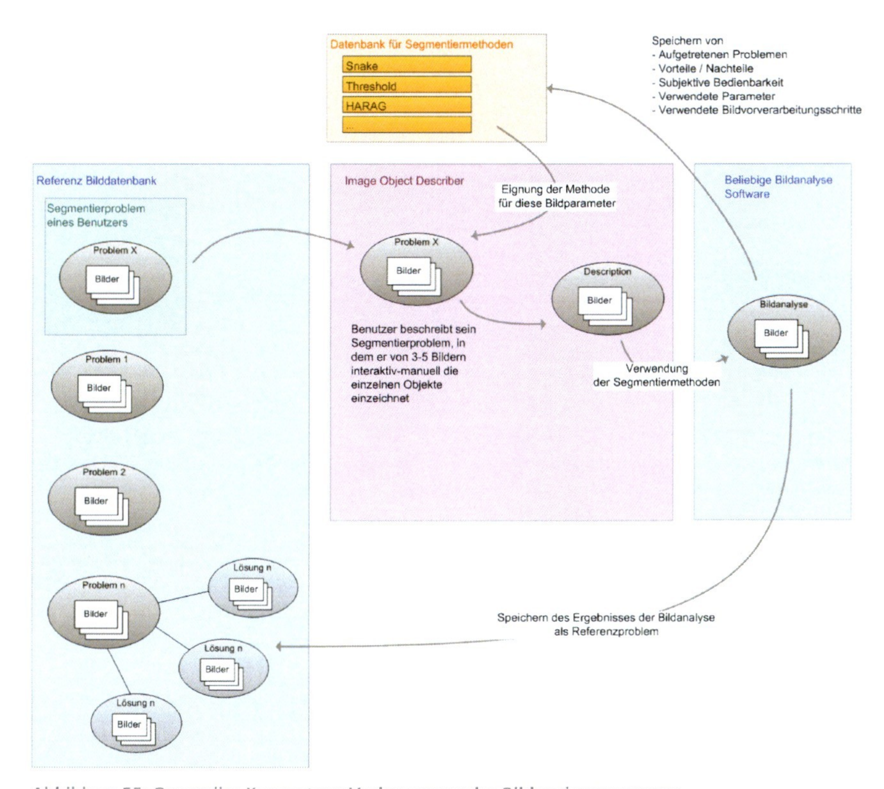

Abbildung 55: Generelles Konzept zur Verbesserung des Bildanalyseprozesses.

Ein beliebiges Problem aus der Referenzbibliothek wird mit Image Object Describer analysiert. Dadurch erhält der Benutzer eine Beschreibung, die das Analyseproblem objektiver erklärt. Diese Beschreibung beinhaltet auch einen Vorschlag an Segmentiermethoden. Diese Methode, kann nun auf das Problem angewendet werden. Ist das Bild analysiert worden, kann das Ergebnis in der Referenzbilddatenbank gespeichert werden.

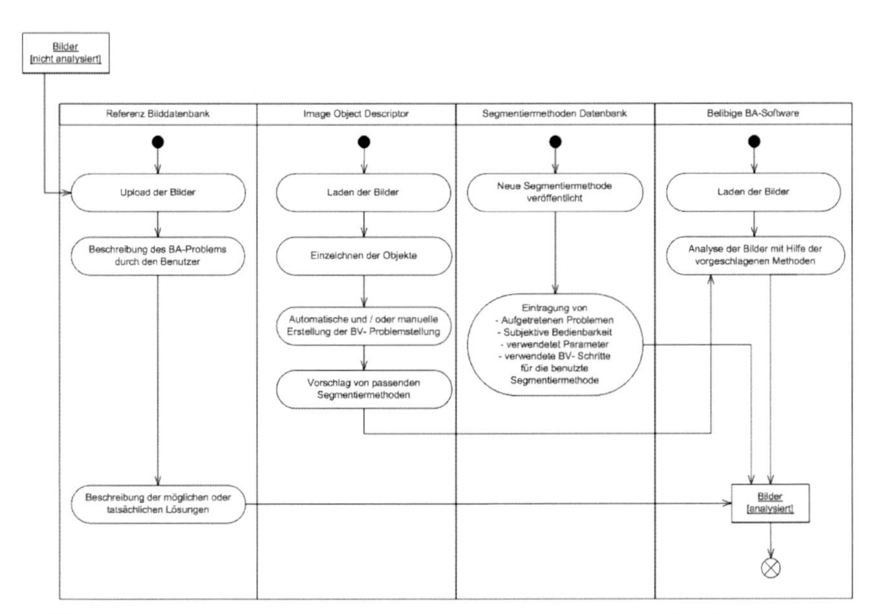

Abbildung 56: Darstellung des generellen Konzept zur Verbesserung des Bildanalyseprozesses in UML.

Nicht analysierte Bilder können in eine Referenzbilddatenbank up-geloaded werden. Dort wird das Bildanalyseproblem durch den Benutzer detaillierter beschrieben. Eine weitere Möglichkeit ist es direkt im Image Objekt Describer die Bilder zu laden und die Objekte interaktiv einzuzeichnen. Dieser erstellt dann einen passenden Vorschlag für eine Segmentiermethode. Auch kann zu einer neu in der Segmentierdatenbank eingetragene Methode weitere Information hinzugefügt werden. Dazu gehören die aufgetretenen Probleme, verwendetet und sinnvolle Parameter oder benutzte Vorverarbeitungsschritte. Weiterhin kann mit einer beliebigen Bildanalysesoftware das Bild geladen werden und mit Hilfe der vorgeschlagenen Methode analysiert werden. Alle diese Schritte sollten dazu führen, dass ein analysiertes Bild entsteht.

4.4 Erstellungen eines Konzeptes für eine User Centered Segmentation

Bis dato gibt es noch kein System, das die Aufgabenstellung einer hohen Anzahl von Problemen in der digitalen Mikroskopie lösen kann. Es gibt sehr viel „Technik basierte" Ansätze, die versuchen anhand von verschiedenen Methoden, die Aufgabe zu lösen. Dabei ist bei den heutigen Systemen immer noch ein hohes Maß an Vorbildung über die Bildverarbeitung nötig. Vergleicht man nun aber die Expertise von den tatsächlichen Benutzern mit denen der angebotenen Systeme, so kommt es hier zu einer hohen Diskrepanz. Aus diesem Grund sollte hier ein neuer Ansatz gewählt werden. Die wichtigste Regel hierbei ist: „Der Benutzer steht im Mittelpunkt". Durch eine Beobachtung der Arbeitsweise wurde ein GUI-Prototyp erstellt, der die beste Lösung der Aufgaben und Problemstellung für den Kunden darstellt. Aus diesem Prototyp kann dann in einem weiteren Schritt nach Möglichkeiten gesucht werden, wie dies technisch sinnvoll umgesetzt werden könnte. Hierbei muss nicht unbedingt die technisch beste Möglichkeit die auch beste Methode für den Kunden darstellen.

Durch die erstellte Bilddatenbank wurde dann dieses System mit Benutzern evaluiert.

Schwerpunkte des Konzeptes:

- Untersuchung von subjektiven Parameters für die Selektion von Werkzeugen (Zufriedenheit, Häufigkeit der Benutzung, etc.)
- Definition eines „Werkzeugkastens" mit den verschiedenen Segmentiermethoden
- Einbindung des Arbeitsschrittes in den gesamten Arbeitsprozess (Workflow)
- Unterstützung der Kommunikation zwischen Benutzern (Wissensaustausch, Training,..)

Der Benutzer bestimmt, welche Methode die richtige ist - nicht der Programmierer oder Bildverarbeitungsspezialist. Bisher konnte der Benutzer nur die Parameter einstellen. Der Bildverarbeitungsspezialist weiß aber, wann welcher Algorithmus Sinn macht und in welcher Reihenfolge dies geschehen sollte.

Der Benutzer könnte aber durch Ausprobieren die richtige Methode finden (explorativ) und diese dann an neue Probleme anpassen, ohne immer den Bildverarbeitungsspezialisten zu benötigen. Dies war eine häufige Beobachtung in der Kontextuntersuchung. Der große Nachteil dieser explorativen Methode ist jedoch, dass sie sehr zeitaufwendig ist, wenn nicht sofort (zufällig) die richtige Methode gefunden wird.

4.5 Erstellung eines Interaktionsprototyps: Image Object Describer

Ein Ergebnis der Kontextanalyse war, dass ein großes Defizit besteht bei der Kommunikation der Segmentiermethoden und Ergebnisse. Die Benutzer tun sich sehr schwer damit, ihr Segmentierproblem zu beschreiben. Aus diesem Grund heraus wurde eine Software erstellt, die dies dem Benutzer abnehmen oder stark vereinfachen soll.

Als Plattform diente das Programm AxioVision (Version 4.6) von Carl Zeiss. Diese Software besitzt eine VBA Schnittstelle, die es erlaubt, die entsprechende Funktionalität anzuprogrammieren.

Der Prototyp selber besteht aus einem Hauptdialog und einem Optionsdialog für weitere Einstellungen. Insgesamt umfasst das Projekt zirka 3000 Zeilen Code.

Abbildung 57: Screenshot der AxioVision 4.x Applikation.

Zu sehen ist oben im Fenster die Menüleiste und die Leiste mit den Symbolen. Links erkennbar ist die Workarea aus welcher Funktionen und Befehle aufgerufen werden können.

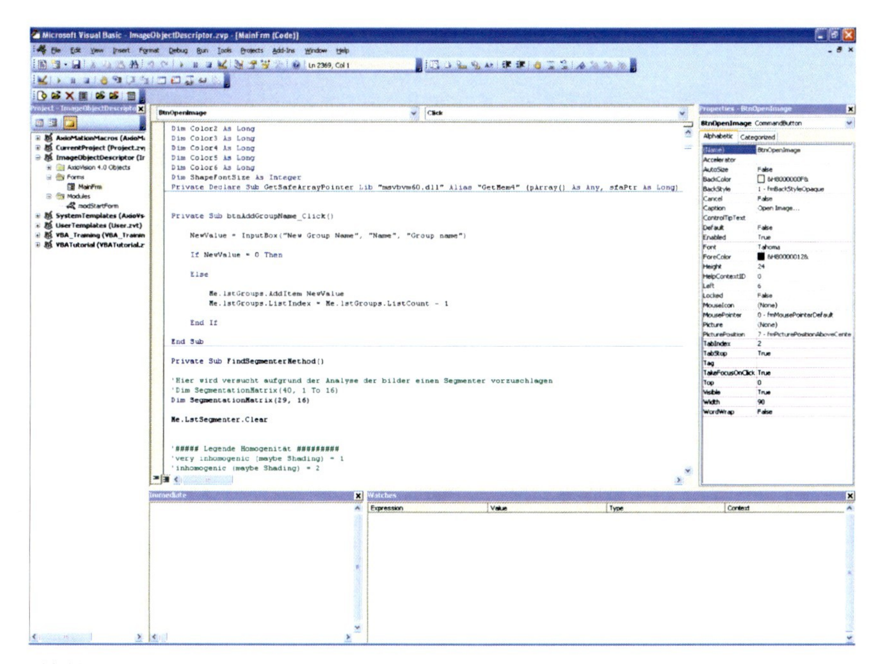

Abbildung 58: Screenshot der VBA- Entwicklungsumgebung

Links am Bildrand ist der Projektbaum mit den Projektdateien zu erkennen. In der Mitte die geöffnete Datei mit dem entsprechenden Code. Rechts die Eigenschaften von dem aktuell selektierten GUI-Element.

In Abbildung 58 zu sehen ist die VBA- Entwicklungsumgebung. Diese ist vergleichbar mit den VBA Werkzeugen von Excel oder Word (Microsoft).

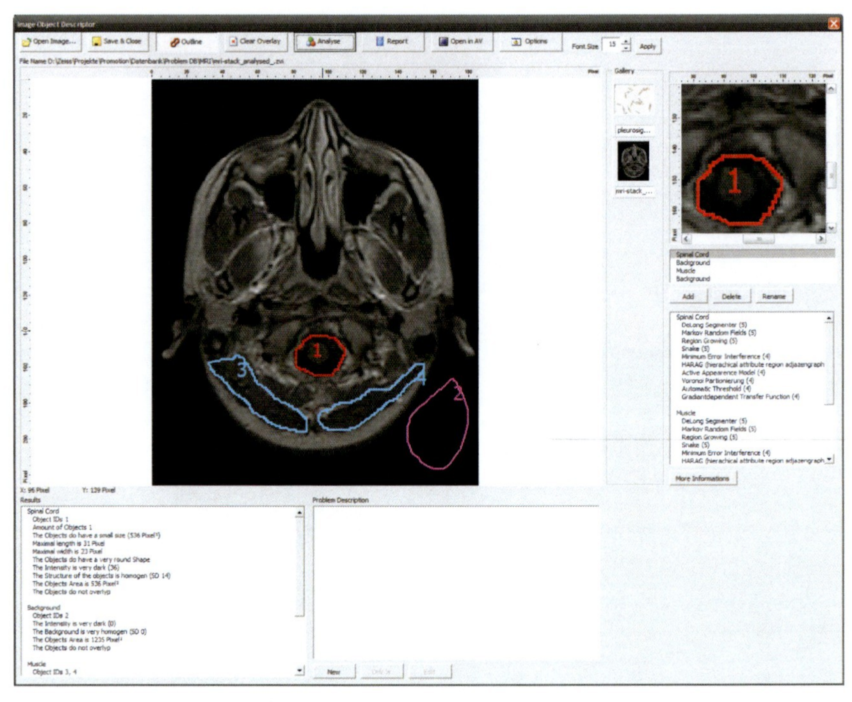

Abbildung 59: Screenshot des Image Object Describers.

Oben zu sehen ist die Symbolleiste. Darunter folgt das geöffnete Bild mit den eingezeichneten Bildobjekten. Links daneben ist die Gallery mit allen geöffneten Bildern und rechts oben eine Lupenansicht auf die aktuelle Cursorposition. Rechts darunter ist die aktuelle Auswahl der Klasse zu sehen und darunter die für die jeweilige Klasse vorgeschlagenen Segmentiermethoden. Links unten gibt es zwei Spalten. Die linke Spalte zeigt detaillierter Informationen zu den eingezeichneten Objekten. Die Rechte Spalte ermöglicht es benutzerdefinierte Beschreibungen einzufügen.

Als erstes wurde eine „Form“ erstellt mit der der Benutzer interagieren kann (siehe Abbildung 59). Diese hat verschiedene Funktionalität:

- „Open Image“ öffnet ein beliebiges Bild im Format: .bmp, .tif, .jpg, .psd, .png, .mac und viele weitere.
- „Close Image“ schließt das Bild. Dabei wird automatisch eine Kopie des Bildes in dem proprietären Format .zvi abgespeichert. Dieses Zeisseigene Bildformat hat den Vorteil, dass sehr viele Zusatzinformationen in dem Bild mit abgespeichert werden können. Ein Export in ein beliebiges anderes Format ist aber jederzeit möglich. Das Orginalbild wird nicht verändert.
- „Clear Overlay“ löscht die auf dem Bild eingezeichneten ROIs / Annotationen / Overlays.
- „Analyse Actual Image“ analysiert die eingezeichneten ROIs / Annotationen / Overlays.
- „Report“ erstellt einen zweiseitigen Report, der als .zvr abgespeichert wird, aber auch als .pdf abgelegt werden kann.
- „Open in AV“ gibt die Möglichkeit das geöffnete Bild auch in der Hauptapplikation zu sehen.
- „Gallery“ zeigt Thumbnails der geöffneten Bilder.
- „Auto Zoom“ zeigt von der aktuellen Position des Mauszeigers einen 100x100 Pixel großen Bereich vergrößert dargestellt. Dies soll das manuelle Zeichnen mit der Maus verbessern und eine höhere Genauigkeit an Kanten bewirken.
- „Object Categories“ dient dazu verschiede Klassen von Objekten zu definieren, also z.B. Zellplasma, Zellkern, Mitochondrien, Hintergrund. Dies hat den großen Vorteil, dass die Problembeschreibung für jede Kategorie separat analysiert wird.
- „Results“ zeigt die Ergebnisse der Analyse. Hierbei werden folgende Parameter automatisch ermittelt und analysiert:
    - Anzahl der Objekte
    - Fläche des größten / kleinsten Objektes
    - Größe der Objekte im Vergleich zum Gesamtbild
    - Homogenität der Pixelwerte
    - Durchschnittliche Fläche der Objekte inkl. Standardabweichung
    - Alle Winkel der Objekte
    - Sind die Objekte ausgerichtet? Wenn ja, in welchem Winkel
    - Längste und kürzeste Strecke innerhalb des Objektes
    - Formfaktor des Objektes
    - Farbe des Objektes
    - Helligkeit des Objektes
    - Anteil der Überlagerung der Objekte

- „More Informations“ wird auf diesen Button geklickt, wird eine Website geöffnet auf der detaillierte Informationen zu der Methode dargestellt werden. Dies entspricht einem Eintrag aus der Methodendatenbank.
- „Problem Description“ hier kann der Benutzer einen freien Text eingeben.
- „Suggestions“ hier werden die vom System empfohlenen Segmentiermethoden angezeigt. Hierbei wird dies pro Kategorie analysiert. Die Ergebnisse werden mithilfe eines Rankingsystems angezeigt. Je höher die Punktzahl, desto besser ist die Segmentiermethode geeignet.

Hier nun ein exemplarischer Ablauf der Bedienung:

1. Öffnen des Bildes
2. Zuordnung der Kategorien „Cells“
3. Einzeichnen der Objekte mittels der Maus und eines freien Polygons

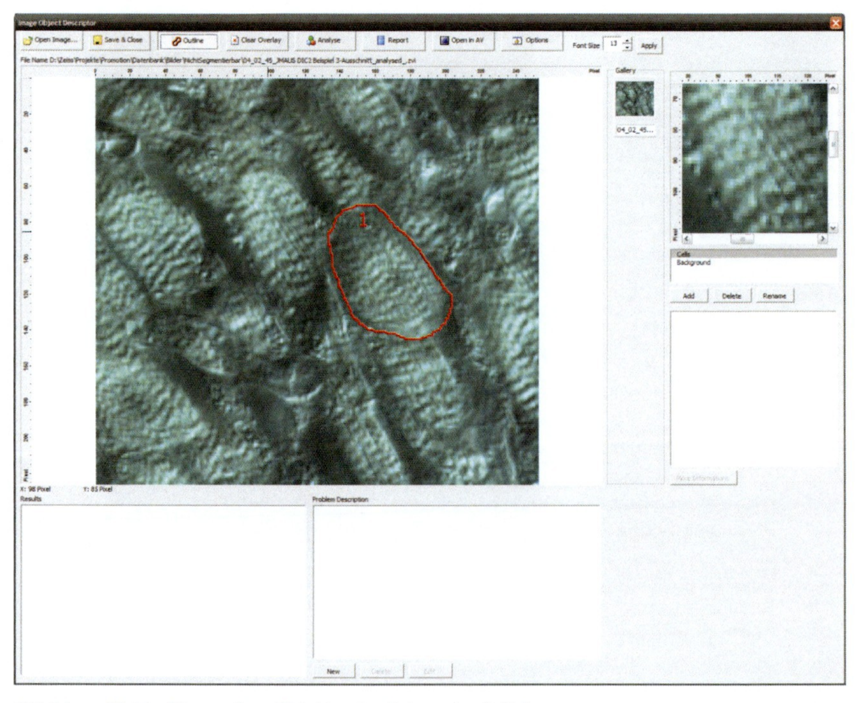

Abbildung 60: Markieren eines Objektes der Kategorie „Cells“.

4. Alle Objekte wurden manuell eingezeichnet

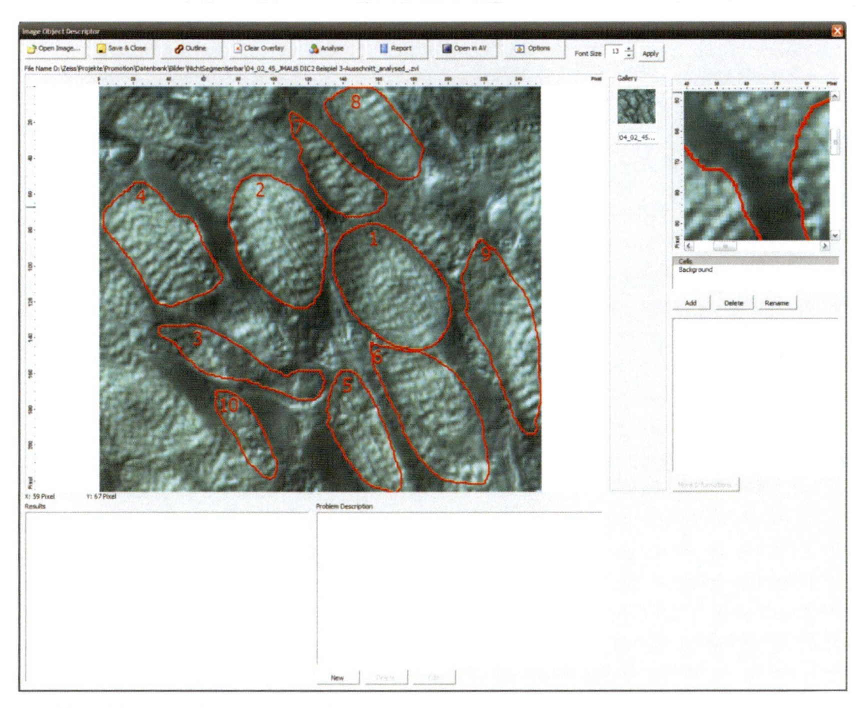

Abbildung 61: Fertige Markierung mehrerer Objekte.

Alle Objekte wurden interaktiv mit der Maus eingezeichnet. Um die Genauigkeit zu erhöhen soll die Lupe am rechten oberen Bildrand dienen.

5. Einzeichnen des Hintergrundes

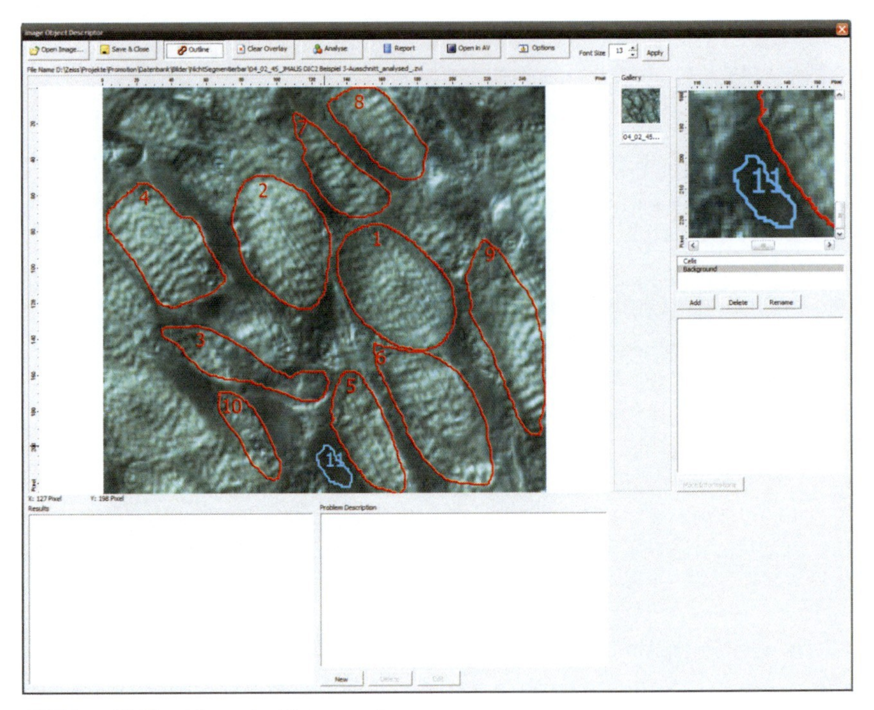

Abbildung 62: Einzeichnen des Hintergrunds.

Um dieses einzuzeichnen wird die Klasse „Background“ aus der Liste auf der rechten Seite selektiert.

6. Ergebnis der Analyse

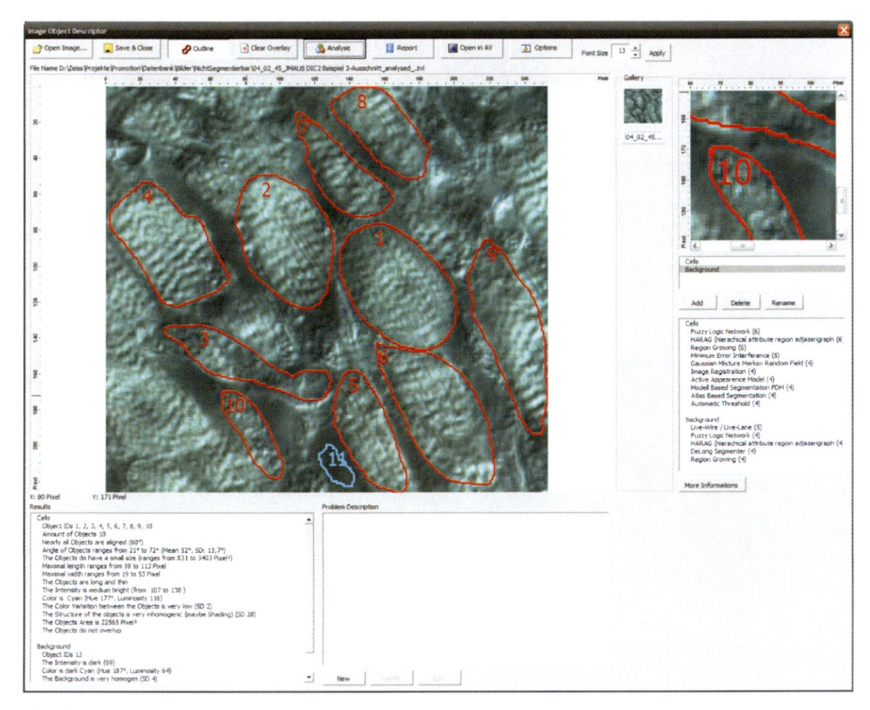

Abbildung 63: Ergebnisansicht der Analyse.

Die Ergebnisse werden nach den gewählten Klassen separat berechnet.

Mit der Analyse sollen die eingezeichneten Objekte, soweit möglich, objektiv beschrieben werden. Dabei geht es vor allem darum, die für den Menschen subjektiv als sehr einfach und schnell erfassbaren Eigenschaften zu beschreiben. Alles was nicht automatisch gemessen wird, kann der Benutzer in dem Feld „Problem Description" nachträglich eintragen. Das Ergebnis (Abbildung 64) sollte somit eine möglichst vollständige Beschreibung der typischen Eigenschaften der einzelnen Objektklassen bzw. Gruppen sein. In diesem Beispiel wäre dies:

Cells
Object IDs 1, 2, 3, 4, 5, 6, 7, 8, 9, 10
Amount of Objects 10
Nearly all Objects are aligned (60°)
Angle of Objects ranges from 21° to 72° (Mean 52°, SD: 13,7°)
The Objects do have a small size (ranges from 831 to 3403 Pixel²)
Maximal length ranges from 59 to 113 Pixel
Maximal width ranges from 19 to 53 Pixel
The Objects are long and thin
The Intensity is medium bright (from 107 to 138)
Color is Cyan (Hue 177°, Luminosity 116)
The Color Variation between the Objects is very low (SD 2)
The Structure of the objects is very inhomogenic (maybe Shading) (SD 28)
The Objects Area is 22565 Pixel²
The Objects do not overlap

Background
Object IDs 13
The Intensity is dark (69)
Color is dark Cyan (Hue 187°, Luminosity 64)
The Background is very homogen (SD 4)
The Objects Area is 282 Pixel²
The Objects do not overlap

Abbildung 64: Ausschnitt aus der Analyse des Bildes mit dem Image Object Describers.

Zu sehen ist die Aufteilung der Ergebnisse nach Objektklassen. Oben die „Cells" und weiter unten der „Background".

7. Report der Analyse – Seite 1

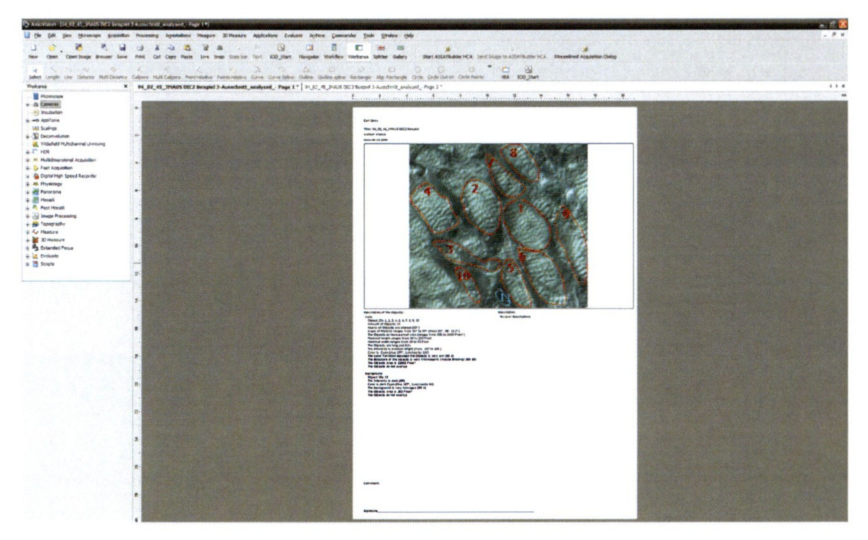

Abbildung 65: Reportansicht der Analyse.

Zusehen ist die Darstellung von Bild mit den interaktiv eingezeichneten Objekten und den Messer-gebnissen aus der Analyse. Dieser Report kann ausgedruckt oder als pdf-Dokument gespeichert werden.

Detailansicht der Ergebnisse Seite 1

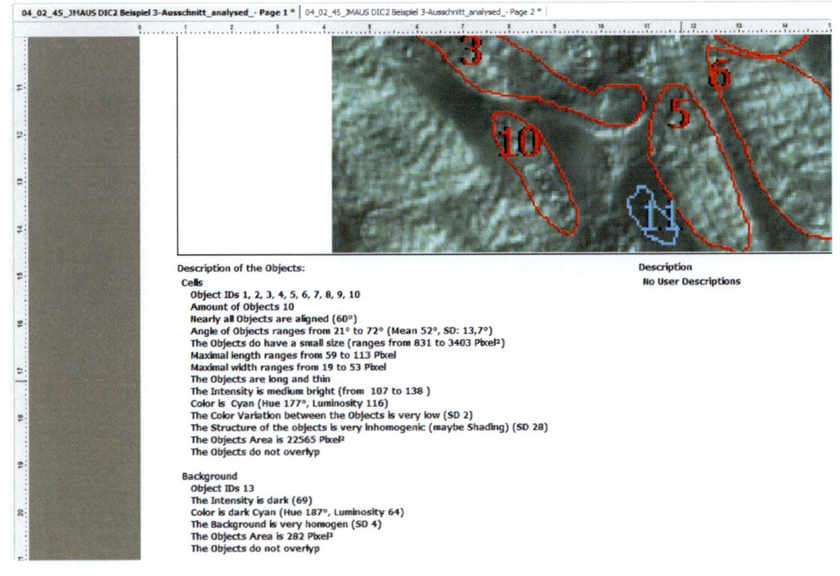

Abbildung 66: Detailansicht des Reports.

8. Report der Analyse – Seite 2

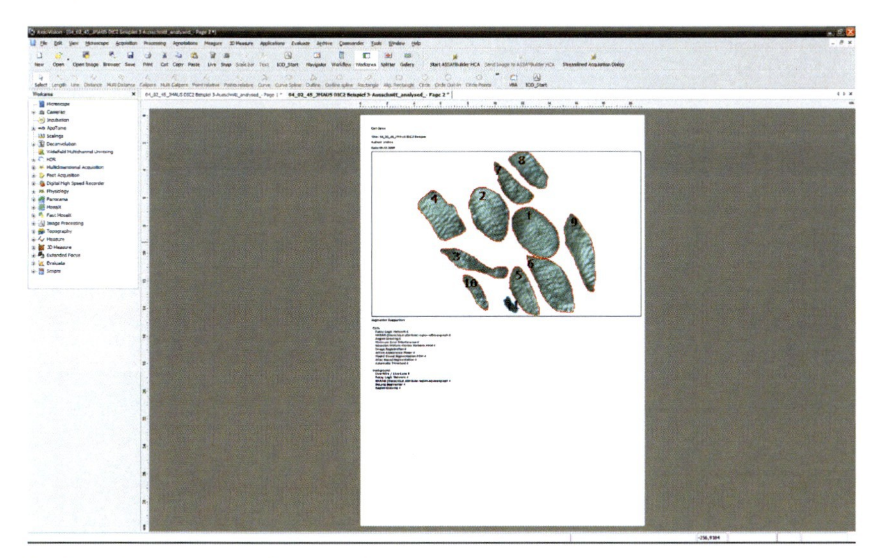

Abbildung 67: Report in der AxioVision Umgebung.

Zu sehen ist die zweite Seite des Reports mit den vom Bildhintergrund extrahierten Bildobjekten. Dies soll es einfacher machen die eingezeichneten Objekte zu erkennen.

Der zweite Teil der Analyse bewertet die Ergebnisse der Klassenanalyse und versucht, die für die Klasse optimale Segmentiermethode zu ermitteln. Dies erfolgt aufgrund einer Bewertungsmatrix. In dieser werden den einzelnen Segmentiermethoden Punkte/Rankings für die folgenden Parameter gegeben:

- Anzahl der Objekte
- Objekt Homogenität
- Hintergrund Homogenität
- Intensitätsunterschied Objekt Hintergrund
- Überlappen der Objekte
- Objektform
- Überlappung

Weiterhin wurde noch eine Gewichtung der Parameter eingeführt (vergleiche auch Abbildung 68). Diese Matrix wurde für 35 Segmentierfunktionen erstellt.

- Automatic Threshold
- Minimum Distance Classification
- Maximum Likelihood Classification
- Contour Segmentation
- Hough-Transformation
- Delong Segmenter
- Binary morphologic Methods
- Cooccurrence-Matrix
- Manual interactive segmentation
- HARAG (hierarchic attributed Region Adjazenzgraph)
- Region growing
- Classical Region Growing
- Watershed Transformation
- Live-Wire Live-Lane
- Snake (Active Contours)
- Preferences based decision-making model (PDM)
- Voronoi Partitionierung
- Active Appearance Model (AAM)
- Gradient dependend Transferfunction (TF)
- Histogram based Classification
- Graph Cuts
- Region based segmentation with parameter free statistic
- Fuzzy Logic Network
- Minimum Error Inference
- Markov Random Fields (MRF)
- Gaussian Mixture Markov Random Field - GMMRF
- Active Shape Model - Template Matching
- Cognition Networks - object based image analysis
- Image Foresting Transformation
- Shape based active contours
- Atlas Segmentation
- Canny Filter
- Centered Compass Filter
- Voxel-wise Greyvalue invariants
- K-means algorithm Active Shape Model - Template Matching

Diese Liste soll in Zukunft eine direkte online Verknüpfung mit der Methodendatenbank bekommen. Aktuell muss diese Liste noch manuell synchronisiert werden.

Hier ein Auszug aus der Tabelle:

	ID		Amount of objects	rating	Object Structure	rating	Overlayp	Intensity difference Background vs. Object	rating	Do Object have an alignment	Do Object have a similar color? Does colorseparation matter?
Bedingung			Amount=		Object Structure = Value +/- 1		Overlap=1	Diff Back vs.Object =		Alignment = 1	Variation = 1
	0	Active Shape Model - Template Matching	all	1	slightly homogen	1	1	all	1	1	0
	1	DeLong	all	1	slightly homogen	2	0	all	1	0	0
	2	Fuzzy Logic Network	all	1	very inhomogenic (maybe Shading)	1	0	all	1	1	1
	3	HARAG (hierachisch attributierte Regionen Adjazenzgraph)	all	1	all	2	0	Slight difference	1	1	1
	4	Markov Random Fields (MRF)	all	1	homogen	2	0	Slight difference	1	0	0
	5	Active Appearance Model (AAM)	few	2	homogen	1	0	Slight difference	1	1	0
	6	Atlas Segmentation	few	1	very inhomogenic (maybe Shading)	1	0	Slight difference	1	1	0
	7	Gaussian Mixture Markov Random Field - GMMRF	few	1	inhomogenic (maybe Shading)	2	0	Slight difference	1	0	0
	8	Image Registration	few	1	very inhomogenic (maybe Shading)	1	0	Slight difference	1	1	0
	9	Live-Wire Live-Lane	few	1	very inhomogenic (maybe Shading)	1	0	Slight difference	1	0	0
	10	Manual	few	1	very inhomogenic (maybe Shading)	1	1	Slight difference	1	0	0
	11	Minimum Error Inference	few	2	homogen	1	0	Slight difference	1	1	1
	12	Modellbasierte Segmentierung PDM	few	1	slightly homogen	1	0	Slight difference	1	1	1
	13	Region Growing	few	2	very homogen	1	0	Big Difference	1	0	2
	14	Shape based active contours	few	1	slightly homogen	1	1	Slight difference	1	0	0
	15	Snake (Aktive Konturen)	few	1	slightly homogen	2	0	Slight difference	1	0	0
	16	Voronoi Partitionierung	few	1	homogen	1	0	Slight difference	2	0	1
	17	Automatic Threshold	many	1	very homogen	2	0	Big Difference	1	0	2
	18	Canny Filter	many	2	slightly homogen	1	0	big difference	1	0	0
	19	Centered Compass Filter	many	2	slightly homogen	1	0	big difference	1	0	0
	20	Cognition Networks - objektbasierte	many	1	inhomogenic	1	2	Slight difference	1	1	1
	21	Gradientenabhängige Transferfunktionen (TF)	many	1	very homogen	2	0	Big Difference	1	0	0
	22	Graph Cuts	many	1	very homogen	2	0	Big Difference	1	0	0
	23	Histogrammbasierte Klassifikation	many	1	very homogen	2	0	Big Difference	1	0	2
	24	Hough-Transformation	many	1	all	1	0	Slight difference	1	1	0
	25	Image Foresting Transformation	many	2	slightly homogen	1	0	Slight difference	1	0	0
	26	Maxcum-Likelihood-Klassifikation	many	2	homogen	1	0	Slight difference	1	1	1
	27	Minimum-Distance-Klassifikation	many	2	homogen	1	0	Slight difference	1	1	0
	28	Regioenenbasierte Segmentation mit parameterfreier Statistik	many	2	very homogen	1	0	Big Difference	1	1	1
	29	Watershed	many	1	homogen	1	2	all	1	0	0
			many >20		very inhomogenic (maybe Shading) = 1		yes	Slight difference < 20		nur wenn > 3 Objekte	nur wenn > 3 Objekte
			few <21		inhomogenic (maybe Shading) = 2		no	big difference >50			
					slightly homogen = 3			small difference <10			
					homogen = 4						
					very homogen = 5						

Abbildung 68: Tabellarische Ansicht der Parameterliste der Methoden.

Zu erkennen sind die benutzten Parameter für die Berechnung der optimalen Segmentiermethode: Anzahl der Objekte, Objektstruktur, Überlappungsbereich, Intensitätsdifferenz zwischen den Objekten und dem Hintergrund, Objektausrichtung und Ähnlichkeit in der Farbe.

Aufgrund der gemessenen Bildobjekte wird nun für jede Segmentiermethode eine Wertung (Punktzahl) errechnet. Je höher die Punktzahl, desto eher wird die Methode für die Segmentierung der Klasse geeignet sein. In dem Report wird eine Liste der 10 besten Methoden ausgegeben. Das Problem zum aktuellen Zeitpunkt ist, dass nur sechs Parameter zur Bewertung benutzt werden, was die Differenzierung noch nicht sehr gut ermöglicht.

Der nächste Schritt wäre, dass der Benutzer nun mit der von ihm gewählten Methode das Bild auch tatsächlich segmentieren kann. Dabei wäre es auch sehr von Vorteil, wenn der Benutzer dann im Anschluss diese benutzte Methode auch wieder bewerten kann. Diese Bewertung würde dann wieder in die Bewertungsmatrix eingehen, was einem einfach lernenden System entspräche.

Detailansicht der Ergebnisse Seite 2

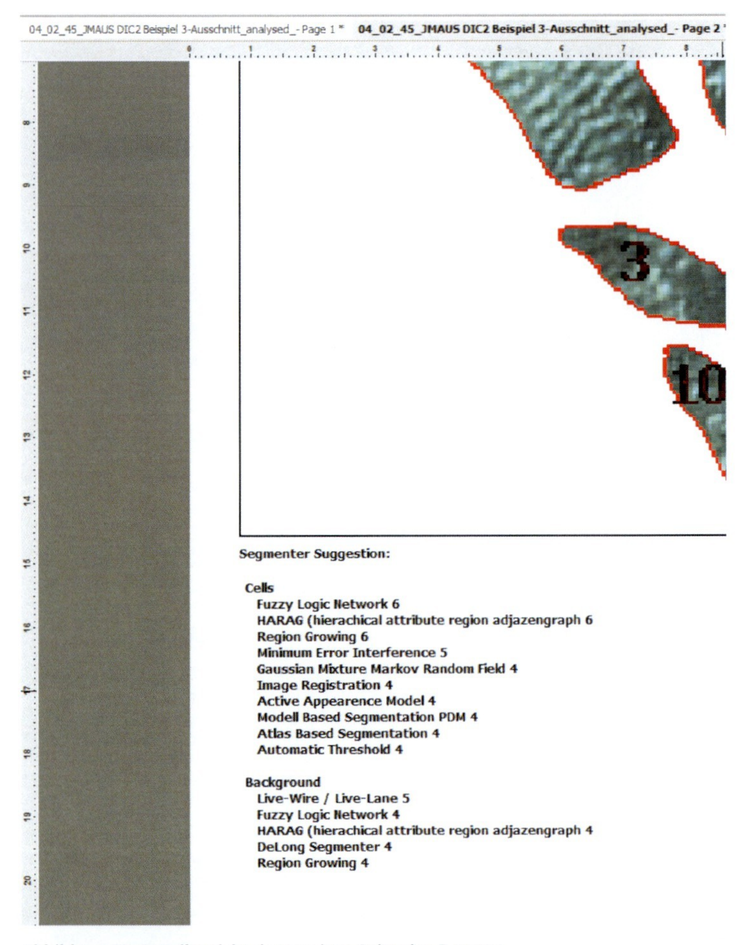

Abbildung 69: Detailansicht der zweiten Seite des Reports.

Ein zweites Feature dieses Reports ist, dass die Objekte „ausgeschnitten" werden (siehe Abbildung 69). Dies soll es einer anderen Person ermöglichen den Fokus auf die abstrakten Objekte zu konzentrieren um damit einen interdisziplinären Vergleich zu erhalten.

Der generelle Vorteil dieses Reportes ist es, dass er unabhängig von Softwaresystemen benutzt werden kann um das Analyseproblem und die Bilddaten zu beschreiben. Er funktioniert somit also als „Sprachreferenz".

4.6 Aufbau einer Datenbank für Segmentiermethoden

Wie aus der Kontextanalyse und der Konzeptvalidierung ersichtlich, ist es für die Benutzer sehr hilfreich, eine Übersicht über die vorhandenen Bildanalyse- bzw. Segmentiermethoden zu bekommen.

Diese Methodendatenbank soll dazu dienen, die vorhandenen Segmentiermethoden detailliert zu beschreiben (siehe Abbildung 70 und Abbildung 71). Dabei sollen alle für den Anwender relevanten Informationen angeboten werden. In der aktuellen Implementierung wurden 35 solcher Methoden eingetragen. Dabei wurden alle verfügbaren Informationen aufgenommen. Ein Problem dabei ist, dass es sicherlich eine weitaus größere Anzahl von Informationen zu den einzelnen Methoden als auch noch mehr Methoden gibt. Der Fokus hierbei lag jedoch nicht auf der Vollständigkeit der Einträge, sondern auf dem generellen Konzept einer solchen Datenbank. Diese stellt somit einen Tagesstand dar und kann sich laufend verändern. Die Änderungen können aber nur von registrierten Benutzern durchgeführt werden. In Zukunft sollte es möglich sein, durch ein „Autorensystem", ähnlich wie bei Wikipedia-Systemen, Änderungen durchzuführen und eine Versionierung inklusive Historie anzeigen zu können.

Nur wenn die breite Masse der Wissenschaftlichen Community diese Methodendatenbank akzeptiert und sich bereit erklärt, hier Informationen einzupflegen, ist diese eine wertvolle Quelle für Bildanalyselösungsansätze.

Die Methodendatenbank ist erreichbar unter:
http://sualda.de/db/db_promotion_segmentation_methodslist.php?pageno=1&RecPerPage=ALL

Um die volle Funktionalität nutzen zu können, sollte sich der Benutzer vorher registrieren:
http://sualda.de/db/db_register.php

In der Datenbank sind folgende Felder vorhanden:

Feldname in der Datenbank	Beschreibung
ID	Eindeutige ID des Eintrags
Name	Name der Methode
Category	Kategorien (Modellbasiert, Kontursegmentation, Texturanalyse / Mustererkennung, Schwellwert, Regionenwachstum, Sonstige)
Description	Ausführliche Beschreibung der Methode.
Known Problems	Beschreibung der bekannten Probleme.
References	Erstbeschreibende Autoren und weiterführende Literatur.
Needed Parameters	Für die Ausführung der Methode notwendige Parameter.
Exclusions	Beschreibung von Fällen, die eine Anwendung ausschließen. Gibt es bestimmte Modalitäten oder Eigenschaften, bei denen das Werkzeug nicht angewendet werden kann? Beispiel wäre eine Farbsegmentierung, die nicht bei Graustufenbildern angewendet werden kann.
Pro /Cons	Was sind die Vorteile der Methode? Wo hat sie Vorteile gegenüber anderen Methoden? Was sind besondere Stärken? Bei welchen Bildmodalitäten ist der größte Vorteil? Wo hat die Methode Schwächen? Was sind objektive, was subjektive Schwächen und Nachteile? Wo gibt es Probleme?
Software	In welchen Softwareprodukten ist diese Methode enthalten?
Phasen	Wie geeignet ist die Methode für Bilder mit phasenähnlichen Bildinhalten?
Fasern	Wie geeignet ist die Methode für Bilder mit faserähnlichen Bildinhalten?
Suitable for round objects	Wie geeignet ist die Methode für Bilder mit runden Objekten?
Suitable for single object	Wie geeignet ist die Methode für Bilder mit einem dominierenden Objekt?
Suitable for multiple objects	Wie geeignet ist die Methode für Bilder mit vielen Objekten?
Suitable for phases	Wie geeignet ist die Methode für Bilder mit Phasen?
Suitable for fibers	Wie geeignet ist die Methode für Bilder mit sternförmigen Objekten?
Kommentar	Feld um freie Kommentare zu schreiben.

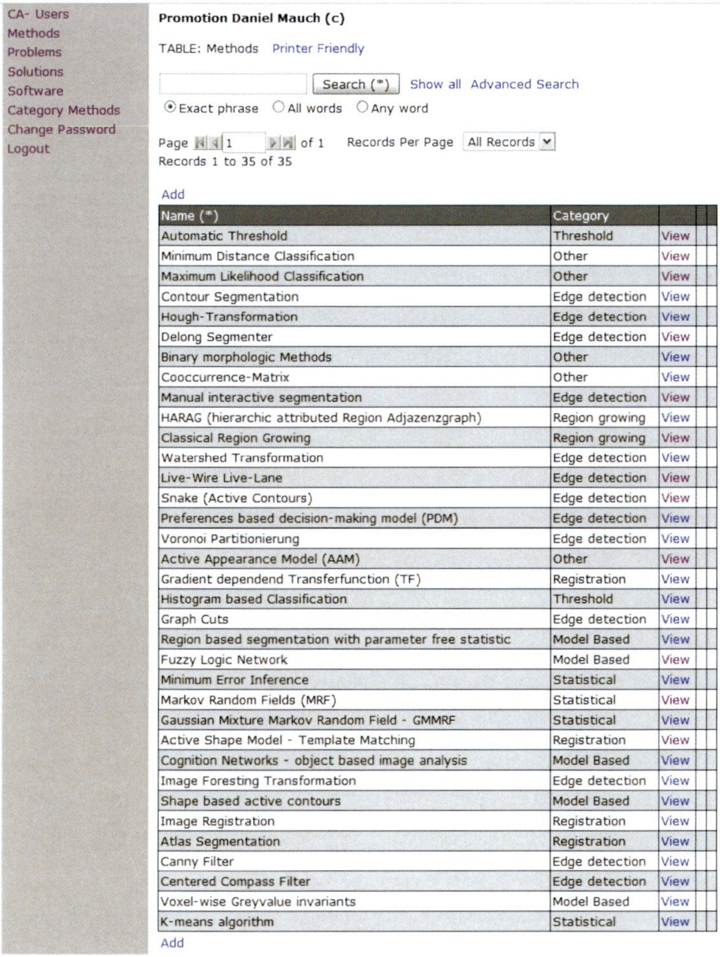

CA- Users
Methods
Problems
Solutions
Software
Category Methods
Change Password
Logout

Promotion Daniel Mauch (c)

TABLE: Methods Printer Friendly

Search (*) Show all Advanced Search

Exact phrase All words Any word

Page 1 of 1 Records Per Page All Records
Records 1 to 35 of 35

Add

Name (*)	Category			
Automatic Threshold	Threshold	View		
Minimum Distance Classification	Other	View		
Maximum Likelihood Classification	Other	View		
Contour Segmentation	Edge detection	View		
Hough-Transformation	Edge detection	View		
Delong Segmenter	Edge detection	View		
Binary morphologic Methods	Other	View		
Cooccurrence-Matrix	Other	View		
Manual interactive segmentation	Edge detection	View		
HARAG (hierarchic attributed Region Adjazenzgraph)	Region growing	View		
Classical Region Growing	Region growing	View		
Watershed Transformation	Edge detection	View		
Live-Wire Live-Lane	Edge detection	View		
Snake (Active Contours)	Edge detection	View		
Preferences based decision-making model (PDM)	Edge detection	View		
Voronoi Partitionierung	Edge detection	View		
Active Appearance Model (AAM)	Other	View		
Gradient dependend Transferfunction (TF)	Registration	View		
Histogram based Classification	Threshold	View		
Graph Cuts	Edge detection	View		
Region based segmentation with parameter free statistic	Model Based	View		
Fuzzy Logic Network	Model Based	View		
Minimum Error Inference	Statistical	View		
Markov Random Fields (MRF)	Statistical	View		
Gaussian Mixture Markov Random Field - GMMRF	Statistical	View		
Active Shape Model - Template Matching	Registration	View		
Cognition Networks - object based image analysis	Model Based	View		
Image Foresting Transformation	Edge detection	View		
Shape based active contours	Model Based	View		
Image Registration	Registration	View		
Atlas Segmentation	Registration	View		
Canny Filter	Edge detection	View		
Centered Compass Filter	Edge detection	View		
Voxel-wise Greyvalue invariants	Model Based	View		
K-means algorithm	Statistical	View		

Add

Abbildung 70: Screenshot aus der Website für die Segmentierdatenbank.

Gezeigt ist die Übersichtsansicht der vorhandenen Methoden. In der ersten Spalte der Liste ist der Name der Methode und in der zweiten Spalte die Kategorie zu der diese gehört.

CA- Users
Methods
Problems
Solutions
Software
Category Methods
Change Password
Logout

Promotion Daniel Mauch (c)

View TABLE: Methods Printer Friendly

Back to List Add

Page 13 of 35
Records 13 to 13 of 35

id	13
Name	Live-Wire Live-Lane
Category	Edge detection
Description	= intelligent scissors - automatic cost function - live-wire: set of starting point. If the cursor gets near to the contour the line snaps to the contur. This action is finished by a mouse click. - live-lane with this method the user marks the contour of object. This contour is automatically found by the algorithm. The contour is then splitted up automatically in sections. This inter sectioning is depended on the search-area around the contour. The width of this search area is dependend on mouse speed.
Known Problems	
References	- User-Steered Image Segmentation Paradigms: Live Wire and Live Lane AX Falcão, JK Udupa, S Samarasekera, S Sharma, Graphical Models and Image Processing, 1998 Elsevier - Interactive live-wire boundary extraction, WA Barrett, EN Mortensen, Medical Image Analysis, 1997 Elsevier
Needed Parameters	
Exclusions	
Pro / Cons	- very good for images with low contrast and shading - 1,5x to 2,5x faster then manual methods - The contour is shown in real time - time consuming - every singele contour needs to be drawn - not optimal for objects with variant contours - needs training time for the interaction
Software	Photoshop CS4 Extended
Suitable for round objects	
Suitable for phases	
Suitable for fibers	
Suitable for single object	
Suitable for multiple objects	
Comment	

Abbildung 71: Screenshot aus der Website für die Segmentierdatenbank.
Gezeigt ist die Detailansicht auf die Methode Live-Wire beziehungsweise Live-Lane.

4.7 Erstellungen und Verbesserung eines Goldstandards für die Mikroskopie

4.7.1 Problemdatenbank

Wie bereits in der Einleitung erwähnt, gibt es bis dato keinen Goldstandard auf den referenziert werden kann. Es gibt eine hohe Ansammlung von Bilddatenbanken bei vielen Instituten und wissenschaftlichen Organisationen. Diese spiegeln aber oft eine ungewichtete Sammlung der Bilddaten.

Es soll bei dieser Arbeit mit Hilfe von verschiedenen Methoden ein repräsentatives Abbild des aktuellen bio-medizinischen Bildanalyseproblemfeldes erreicht werden. Hierbei soll auf die unterschiedlichen Gewichtungen im Speziellen eingegangen werden.

Ein weiterer Punkt ist, dass die bestehenden Daten (Datenbanken) keine Zusatzinformationen über die Problemstellung besitzen. Dies ist jedoch für die Erstellung und Verbesserung von neuen Systemen unabdingbar. Wenn der zukünftige Entwickler von neuen Lösungen und Algorithmen nicht genau das Problem des Benutzers verstanden hat, löst er oft die Probleme, die er glaubt lösen zu müssen.

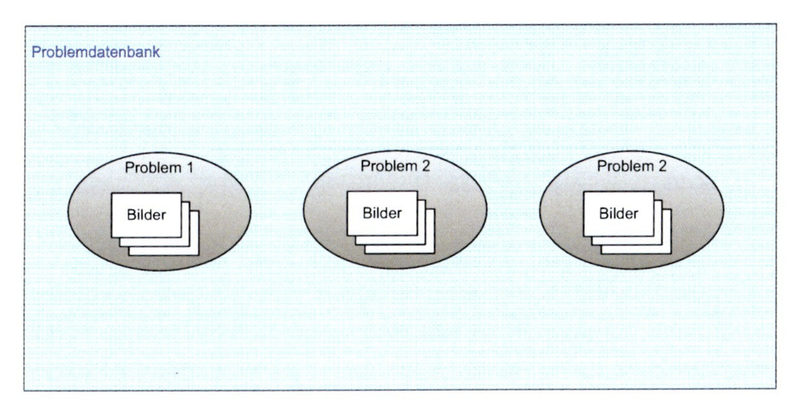

Abbildung 72: Darstellung des Konzeptes der Problemdatenbank.

Verschiedene Bilder können in einer Problemklasse zusammengefasst werden. Diese Problemklassen können wiederum in der Problemdatenbank als einzelne Einträge abgebildet werden. Dadurch ergibt sich ein guter Überblick sowohl über die Problemklasse als auch über die Gesamtproblemdomäne.

Diese Problemdatenbank soll dazu dienen, die vorhandenen Problemstellungen zu sammeln und zu strukturieren (siehe Abbildung 72 und Abbildung 73). Dabei soll vor allem auf eine ausreichende Problembeschreibung geachtet werden. Hilfreich dabei kann der mit dem Image Object Describer erstellte Bericht sein. Dieser als .pdf Datei in der Datenbank abgelegte Bericht kann entscheidend dazu beitragen das Problem detaillierter zu definieren (siehe Abbildung 74 und Abbildung 75). Dabei sollte darauf geachtet werden, dass das Problem in einer allgemein verständlichen und abstrakten Art und Weise dargestellt wird.

Ein Problem der Datenbank ist die Nachhaltigkeit der Datenspeicherung. Werden die Bilder außerhalb der Datenbank benutzt, gehen der Kontext und die Datenbankinformationen verloren. Aus diesem Grund wird versucht, die notwendigen Metadaten in das Bild direkt zu speichern. Dies erfolgt durch die in der IPTC Spezifikation (PTC-NAA-Standard) (1999) beschriebenen Tags.

Die Problemdatenbank ist erreichbar unter:
http://sualda.de/db/db_promotion_usecases_problemlist.php

Um die volle Funktionalität nutzen zu können, sollte sich der Benutzer vorher registrieren:
http://sualda.de/db/db_register.php

Feldname in der Datenbank	Beschreibung
Id	Automatisch vergebene ID
Name	Name der Person des Eintrags
Date	Erstellungsdatum des Eintrags
Title	Überschrift des Eintrags
Image Modality	Bildaufnahmemodaliät: - Microscopy - CT /CCT - MRT - Ultrasound - Photography - PET - Endoscopy - DSA - Angiography - SPECT - Thermography - Digital Radiography - Binocular
Description	Detaillierte Beschreibung des Bildanalyseproblems in der Sprache des Benutzers.
Image Object Describer - Report	Report des Image Object Describers
Attachment	Dateianhang
Zip file / Raw Files	Dateianhang für Bilddaten
Image 1 ... [5]	Bildbeispiele, die das Problemfeld ausreichend beschreiben. Es muss mindestens ein Bild pro Eintrag vorhanden sein.

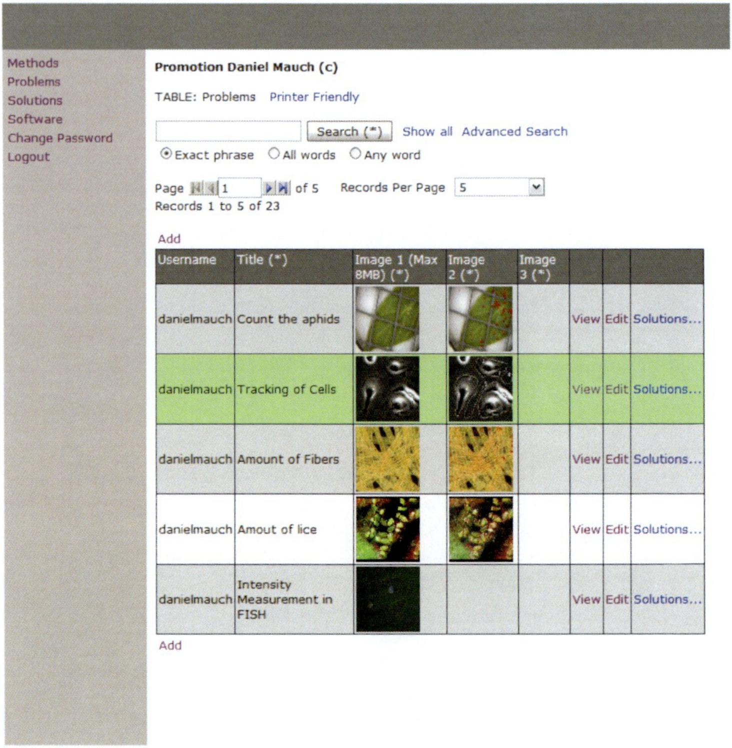

Methods
Problems
Solutions
Software
Change Password
Logout

Promotion Daniel Mauch (c)

TABLE: Problems Printer Friendly

Search (*) Show all Advanced Search

Exact phrase All words Any word

Page 1 of 5 Records Per Page 5
Records 1 to 5 of 23

Add

Username	Title (*)	Image 1 (Max 8MB) (*)	Image 2 (*)	Image 3 (*)			
danielmauch	Count the aphids				View	Edit	Solutions...
danielmauch	Tracking of Cells				View	Edit	Solutions...
danielmauch	Amount of Fibers				View	Edit	Solutions...
danielmauch	Amout of lice				View	Edit	Solutions...
danielmauch	Intensity Measurement in FISH				View	Edit	Solutions...

Add

Abbildung 73: Tabellarische Ansicht der Einträge für die Problembeschreibungen in der Datenbank. In der Spalte „Username" ist der Benutzername des Benutzers angezeigt, der den Eintrag angelegt hat. Die Spalte „View" zeigt den Link auf die detaillierte Ansicht des Eintrags. Die Spalte mit den Links „Solutions..." verweist auf die eingetragene Lösung zu diesem Problem.

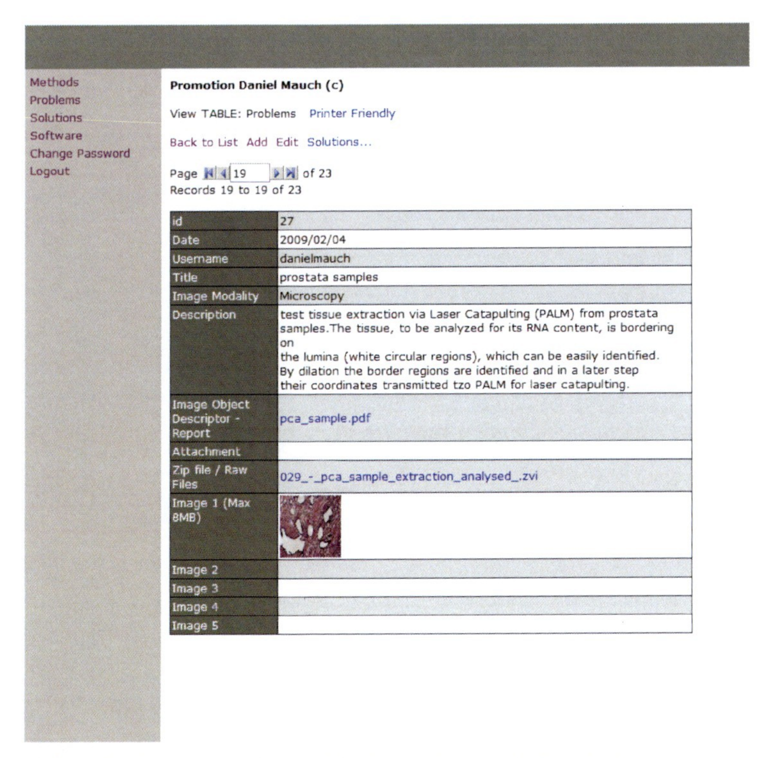

Abbildung 74: Detailansicht einer Problembeschreibung in der Datenbank.

Zu sehen ist der Link zu dem Image Object Describer – pdf Dokument, welches zu dem Problemeintrag hinzu hochgeladen wurde. Weiterhin erkennbar ist der Link zu der Rohdatendatei.

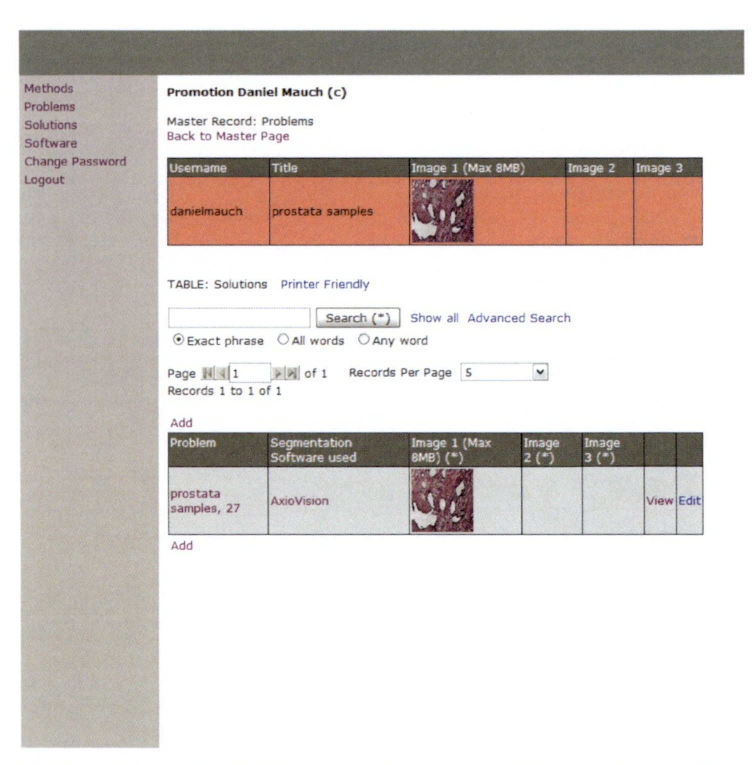

Abbildung 75: Darstellung der Lösungen zu einem Problemeintrag in der Datenbank.

Oben zu sehen ist der Eintrag aus der Problemdatenbank „prostata samples". Unterhalb dann eine eingetragene Lösung zu genau diesem Problem. Mit dem Link „add" können aber auch jederzeit weitere Lösungen eingetragen werden.

4.7.2 Lösungsdatenbank

In der Problemdatenbank kann zu einem Eintrag eine Lösung eingetragen werden. Wichtig dabei ist, dass es zu einem Bildanalyseproblem nicht nur eine, sondern mehrere Lösungsmöglichkeiten gibt (vergleiche Abbildung 76). Welche die richtige oder die am besten geeignete ist, kann sinnvollerweise nur derjenige bewerten, der das Problem eingetragen hat. Um die Lösung ausreichend zu beschreiben, ist mindestens ein Ergebnisbild erforderlich, um abschätzen zu können, ob die richtigen Objekte bei der Bearbeitung oder Messung benutzt worden sind. Dazu kann auch noch eine Messwertliste eingefügt werden.

Bei der Lösungsbeschreibung können mehrere Wege beschritten werden. Die minimale Variante wäre es, nur textuell zu beschreiben, wie die Lösung theoretisch erreicht werden kann. Weiterhin könnte in einer anderen Variante die Lösung als Lösungsskript oder Programm eingetragen werden (Abbildung 77 und Abbildung 78). Dabei muss der Benutzer noch wissen, mit welcher Software er dieses Skript ablaufen lassen kann. Weiterhin kann durch die Auswahl der Segmentiermethode auch schon eine wichtige Beschreibung der Lösung erfolgen. Manchmal sind diese Segmentiermethoden schon fertig in Softwarepaketen enthalten und können so ausprobiert werden.

Eine weitere wichtige Information ist die Vorverarbeitung der Bilddaten. Dies kann textuell beschrieben werden. Sind keine speziellen Schritte der Vorverarbeitung notwendig, wird dieses Feld leer gelassen.

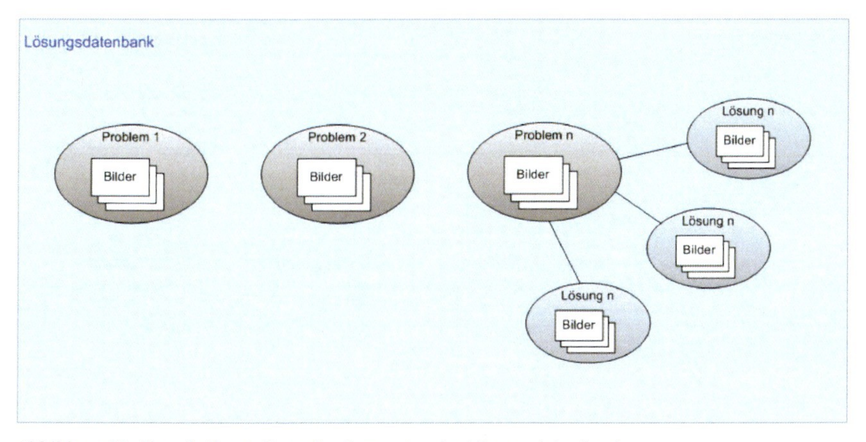

Abbildung 76: Visuelle Darstellung des Konzeptes der Lösungsdatenbank.

Zu sehen sind die verschiedenen Probleme als Ellipsen symbolisiert. Zu einem beliebigen Problem gibt es dann mehrere Lösungsmöglichkeiten, die wiederum aus mehreren Lösungsbildern bestehen. Diese können dann als „Lösung n" zusammengefasst werden.

Die Lösungsdatenbank ist erreichbar unter:
http://sualda.de/db/db_promotion_usecases_problemlist.php

Um die volle Funktionalität nutzen zu können, sollte sich der Benutzer vorher registrieren:
http://sualda.de/db/db_register.php

Feldname in der Datenbank	**Beschreibung**
Id	Automatisch vergebene ID
Date	Erstellungsdatum des Eintrags
Name	Name der Person des Eintrags
Email	E-mail-Adresse der Person des Eintrags
Contact Informations	Anschrift und Telefonnummer der Person des Eintrags
Problem Description	Link auf den Eintrag der Problembeschreibung
Solution Description	Detaillierte Beschreibung der Lösung des Bildanalyseproblems
Segmentation Method	Benutzte Segmentiermethoden (Liste aus der Datenbank der Segmentiermethoden)
Software	Benutzte Software inklusive der Version
Processing Steps	Beschreibung der durchgeführten Prozessierungsschritte
Ease of Use	Subjektive Bewertung der Einfachheit zur Lösung des Problems
Subjective Quality	Subjektive Bewertung der Qualität des Resultats der Lösung
Subjective Accuracy	Subjektive Bewertung der Genauigkeit des Resultats der Lösung
Subjective Reproducibility	Subjektive Bewertung der Reproduzierbarkeit der Ergebnisse
Subjective applicability to the problem	Subjektive Bewertung, in wieweit die Ergebnisse für das Problem angemessen sind
Image 1 ... [n]	Bildbeispiele, die die Lösung ausreichend beschreiben. Es müssen mindestens 3 Bilder pro Eintrag vorhanden sein.

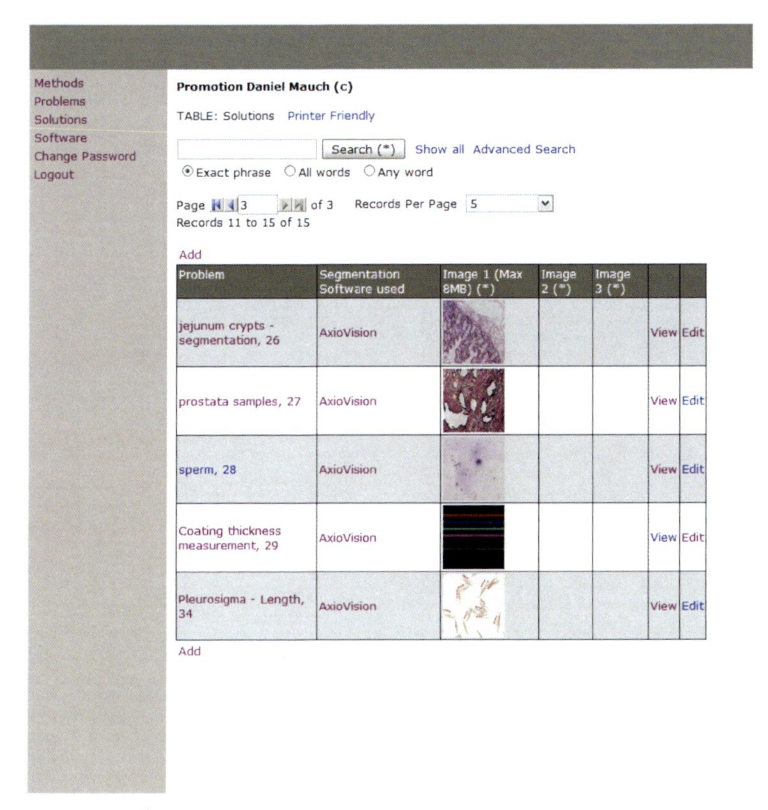

Abbildung 77: Übersicht über die Lösungseinträge.

In der ersten Spalte „Problem" ist der Link zu dem Problemeintrag zu finden. In der zweiten Spalte die Software, die dazu benutzt worden war um die jeweilige Lösung zu erstellen. In den Spalten Image 1, 2, 3 sind Vorschaubilder von den analysierten Bildern zu sehen.

Methods
Problems
Solutions
Software
Change Password
Logout

Promotion Daniel Mauch (c)

View TABLE: Solutions Printer Friendly

Back to List Add Edit

Page 12 of 15
Records 12 to 12 of 15

id	22
Date	2008/12/30
Username	danielmauch
Problem	prostata samples, 27
Description	prostata samples
Solution File	029_-_pca_sample_extraction.ziscript
Method used	Automatic Threshold
Segmentation Software used	AxioVision
Pre-Processing Steps	
Ease of use	Unkown
Subjective Quality	Unkown
Subjective Accuracy	Unkown
Subjective Reproducibility	Unkown
Applicability to the Problem	Unkown
Report	
Zip file / Raw Files	pca_result_regions.zvi
Measurement / Result File (xls, csv)	
Image 1 (Max 8MB)	
Image 2	
Image 3	
Image 4	
Image 5	

Abbildung 78: Detailansicht der Lösung zu einem Bildanalyseproblem.

In dieser Ansicht ist wiederum der Link zu dem Bildanalyseproblemeintrag in der Zeile „Problem" zu sehen. Dann folgt eine kurze Beschreibung, und eine Zeile „Solution File". Hier kann eine beliebige Datei hochgeladen werden. Dies kann ein kleines Skript, ein Programm, ein Codeprojekt oder eine andere Form von Inhalt sein, welches zur Lösung des Bildanalyseproblems beiträgt. In diesem Fall ist es ein Skript, welches mit dem Softwareprogramm AxioVision ausgeführt werden kann.

Mit steigender Zahl der Einträge in der Lösungsdatenbank erhält man einen Überblick darüber, wie bestimmte Probleme gelöst werden können oder gelöst worden sind. Wichtig dabei ist immer die benutzte Segmentiermethode (siehe auch Abbildung 79). Diese muss bei jeder eingetragenen Lösung mit angegeben werden.

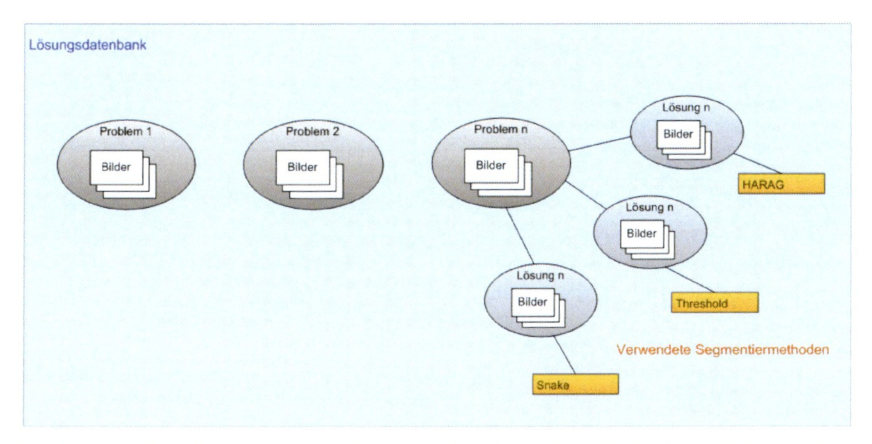

Abbildung 79: Visuelle Darstellung des Konzeptes der Lösungsdatenbank mit verknüpften Methoden.

Zu einem Problem gibt es viele verschiedene Lösungsmöglichkeiten. Hier als „Lösung n" visualisiert. Nun wird aber zur Erstellung einer Lösung auch immer eine spezifische Segmentiermethode benutzt. In dem oberen Beispiel die Methode „Snake". Es gibt somit zu einem Problem nicht nur eine „richtige" Lösung sondern mehrere Möglichkeiten und damit auch mehrerer Methoden, die benutzt werden können.

Durch diese Information ist es dann möglich, bei einem neuen Problem eventuell schon abschätzen zu können, welche Segmentiermethode für das Bildanalyseproblem sinnvoll wäre. Dies kann in dem Image Object Describer erfolgen. Dort werden aufgrund von vermessenen Bildobjekten Segmentiermethoden vorgeschlagen. Dieser Vorschlagalgorithmus könnte durch die Lösungsdatenbank weiter verbessert werden.

4.8 Auswertung der Konzeptvalidierung

Das gesamte Konzept wurde durch 13 Benutzer mit Erfahrungen im Bereich der Bildanalyse mit Hilfe eines Fragbogens validiert. Diese Validierung erfolgte durch eine ausführliche Vorstellung der einzelnen Teile des Konzeptes mit anschließendem Ausfüllen des Fragebogens. Aus der Auswertung ergab sich dabei das folgende Bild:

4.8.1 Altersverteilung

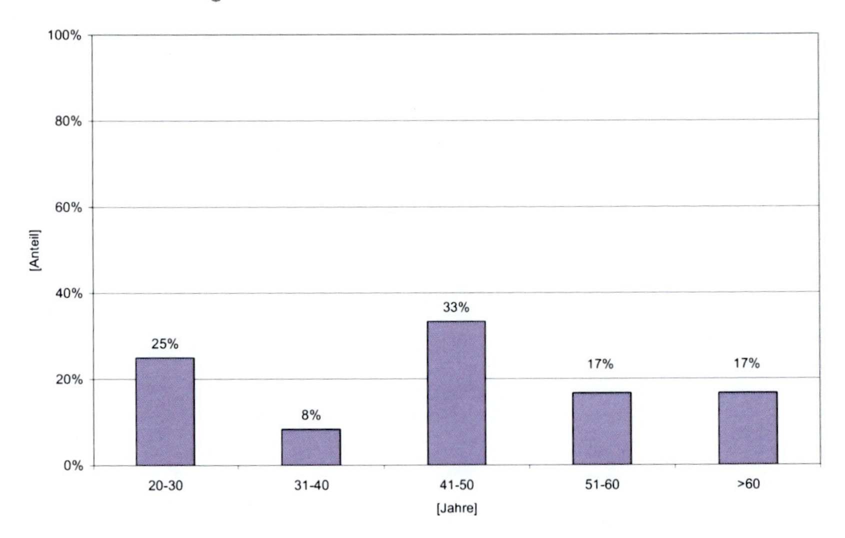

Abbildung 80: Altersverteilung der Personen in Prozent.

33% sind zwischen 41 und 50 Jahren. 25% zwischen 20 und 30 Jahren. Jeweils 17% der Befragten Personen waren zwischen 51-60 beziehungsweise älter als 60 Jahre. 8% der Personen sind zwischen 31 und 40 Jahren (N=13).

In Abbildung 80 zeigt sich eine Häufung in dem Anteil Personen von 41-50 Jahre. Ein zweiter Gipfel der Verteilung kann bei den 20-30 jährigen beobachtet werden. Dennoch ist die Verteilung des Alters der Teilnehmer auf alle Stufen relativ gleichmäßig.

4.8.2 Geschlechtsverteilung

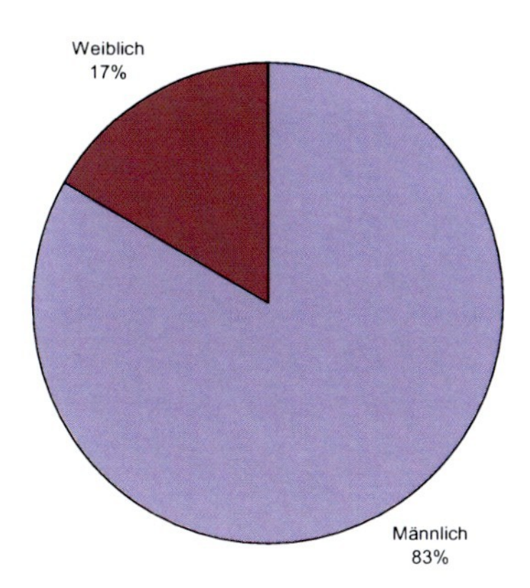

Abbildung 81: Verteilung der unterschiedlichen Geschlechter der Teilnehmer.
83% der Personen sind männlich und nur 17% weibliches Geschlechts (N=13).

In Abbildung 81 zeigt sich ein starker überproportionaler Anteil der männlichen Teilnehmer. Das entspricht nicht dem Durchschnitt in den wissenschaftlichen Bereichen. Dennoch kann bei Bereichen mit Informatik-lastigen Themen durchaus eine solche Verteilung der Geschlechter angenommen werden.

4.8.3 Ausbildung

Bei der Ausbildung der Testpersonen zeigte sich ein sehr breites Spektrum an Berufssparten. Exemplarisch werden hier nur einige genannt:

- Dipl. Informatiker
- Dipl. Med. Informatiker
- Dipl. Ingenieur
- Dipl. Physiker
- Dipl. Biologe

Der Anteil der Personen mit Promotion lag bei etwa 60%.

4.8.4 Erfahrung in der Bildbearbeitung

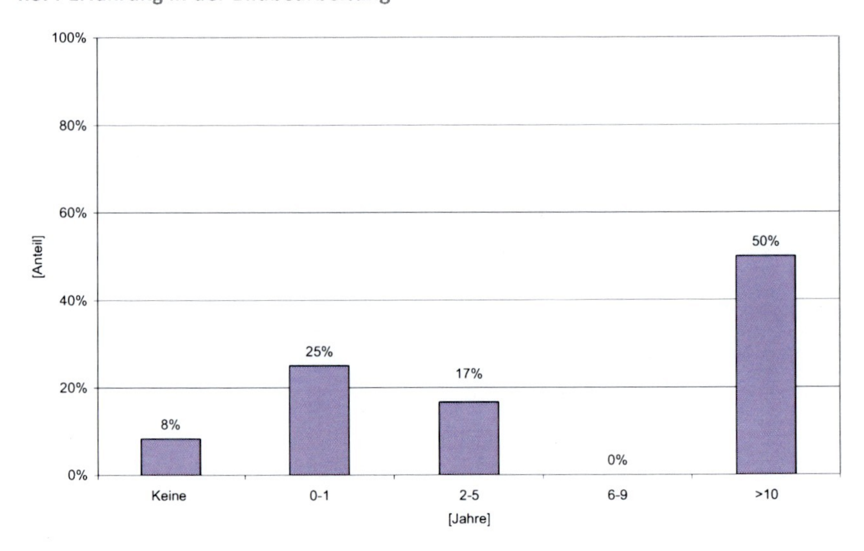

Abbildung 82: Verteilung der Erfahrung im Bereich Bildbearbeitung in Jahren.

50% der Personen, die befragt worden sind haben mehr als zehn Jahre Erfahrung im Bereich der Bildbearbeitung. 25% hatten bis zu einem Jahr Erfahrung. 2-5 Jahre Erfahrung hatten 17% der Testpersonen. Niemand hatte 6-9 Jahre Erfahrung. Keine Erfahrung hatten 8% (N=13).

Bei der Erfahrung der Testpersonen im Bereich der Bildbearbeitung zeigt sich in Abbildung 82 eine zweigipflige Verteilung. Auf der einen Seite die Personen mit Erfahrungen zwischen 0-5 Jahren und auf der anderen Seite Personen mit mehr als zehn Jahren Erfahrung.

4.8.5 Erfahrung in Programmiersprachen

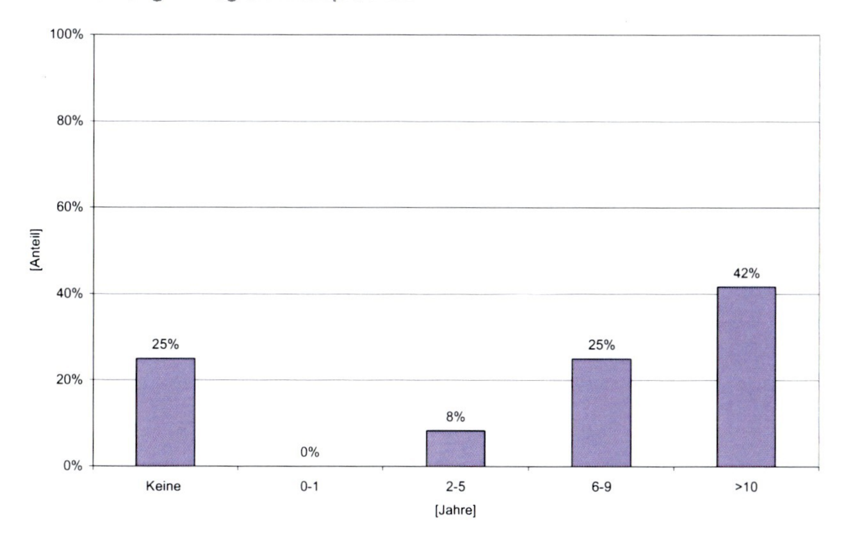

Abbildung 83: Verteilung der Erfahrung im Bereich Programmierung in Jahren.

25% der Testpersonen hatte kein Vorwissen im Bereich der Programmiersprachen. Keiner hatte bis zu einem Jahr Erfahrung. 8% hatten zwei bis fünf Jahre Programmiererfahrung. Sechs bis neuen Jahre Erfahrung hatten 25% der Testpersonen und 45% hatten schon mehr als zehn Jahre programmiert (N=13).

Bei der Erfahrung im Bereich der Programmierung zeigt sich in Abbildung 83 ein noch stärker aufgeteiltes Bild als bei der Bildbearbeitung. Hier ist ebenfalls eine Zweiteilung zu sehen. Auf der einen Seite Testpersonen mit keiner Erfahrung und auf der anderen die Mehrheit mit mehr als sechs Jahren Erfahrung.

4.8.6 Erfahrung in der Bildanalyse

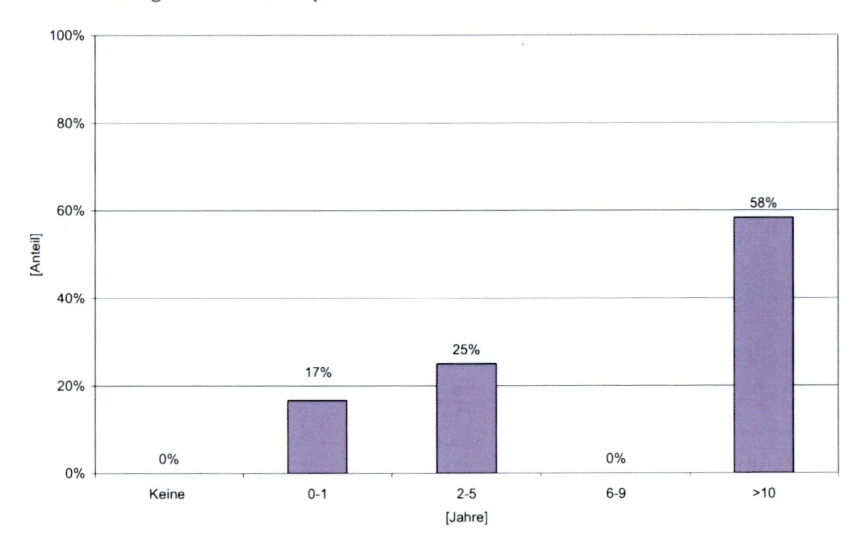

Abbildung 84: Verteilung der Erfahrung im Bereich Bildanalyse in Jahren.

Keiner der Testpersonen hatte überhaupt keine Erfahrung in der Bildanalyse. 17% hatten bis zu einem Jahr Erfahrung. 25% hatten zwischen zwei bis fünf Jahren Erfahrung. Keiner der Testpersonen hatte sechs bis neun Jahren Erfahrung. 58% hatten schon mehr als zehn Jahre Erfahrung mit der Bildanalyse (N=13).

Bei der Bildanalyse Erfahrung zeigt sich ein gemischtes Bild bei den Testpersonen (siehe Abbildung 84). Auffällig ist jedoch der relativ hohe Anteil von Personen mit mehr als zehn Jahren Erfahrung.

4.8.7 Image Object Describer

4.8.7.1 Hilft Ihnen der Image Object Describer das Problem besser zu beschreiben?

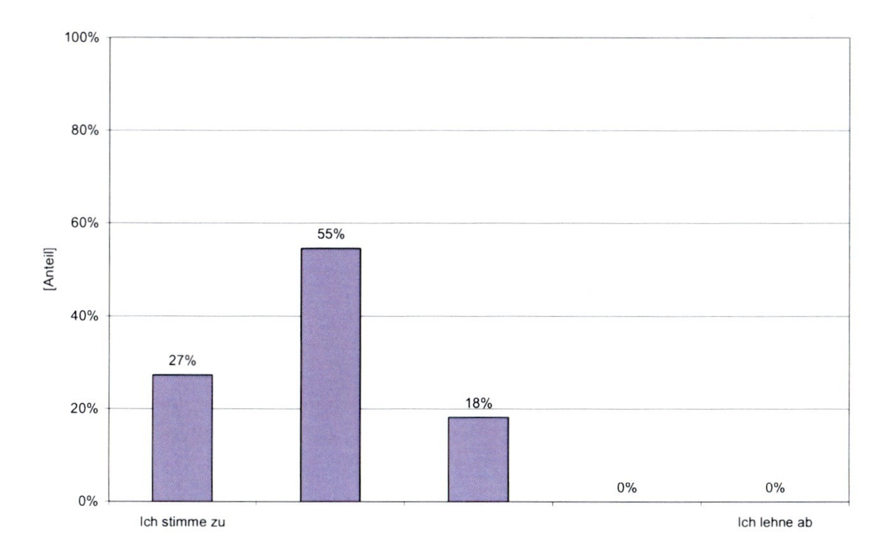

Abbildung 85: Verteilung der Bewertung des Image Object Describers zur besseren Problembeschreibung.

27% der Befragten stimmten zu, dass Ihnen der Image Object Describer helfen würde das Bildanalyseproblem besser zu beschreiben. 0% lehnten diese Aussage ab (N=13).

Die Mehrheit der Testpersonen meint, dass Ihnen der Image Object Describer dabei helfen würde ihr Problem besser zu beschreiben. Auffällig ist dabei, dass niemand diese Aussage ablehnt (siehe Abbildung 85). Daraus kann geschlossen werden, dass der Image Object Describer eine sinnvolle Ergänzung zur Bildanalysebeschreibung darstellt.

4.8.7.2 Wurden Eigenschaften beschrieben, an die Sie nicht gedacht haben?

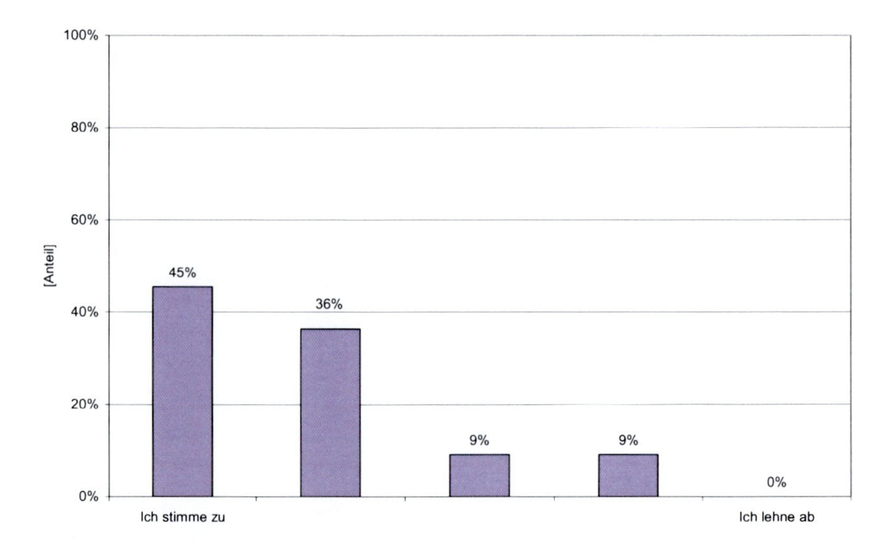

Abbildung 86: Hat der Image Object Describer geholfen an bestimmte Eigenschaften zu denken? 45% der Testpersonen gaben an, dass von dem Image Object Describer Eigenschaften beschrieben worden sind, an die sie selber nicht gedacht hätten. 0% lehnten diese Aussage ab (N=13).

Die Mehrheit der Testpersonen gibt an, dass ihnen der Image Object Describer Eigenschaften beschrieben hat, an die sie selber nicht gedacht hätten. Ein geringer Anteil jedoch stimmte dem nicht zu.

4.8.7.3 Halten Sie die Ergebnisse und Beschreibungen für sinnvoll?

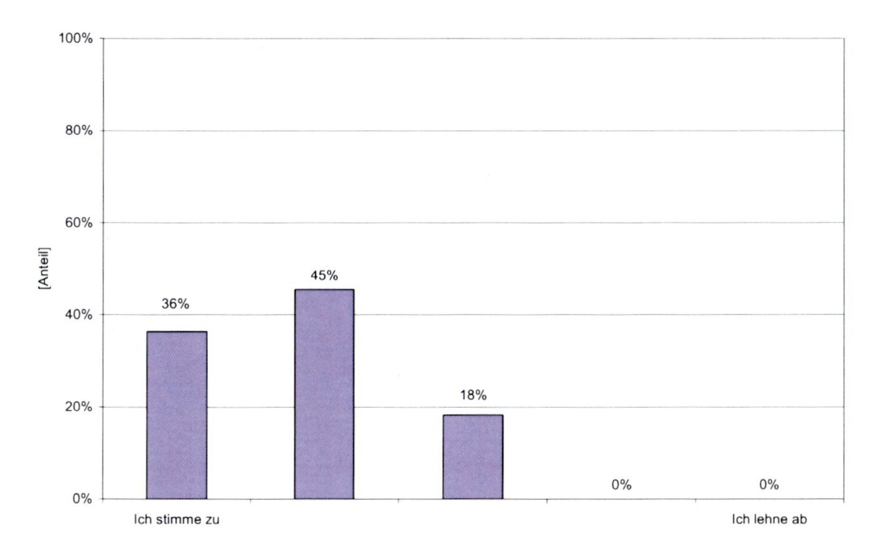

Abbildung 87: Wertigkeit der Ergebnisse und Beschreibungen des Image Object Describers.
Keiner der Testpersonen hält die Beschreibungen des Image Object Describers für nicht sinnvoll. 36% stimmten jedoch der Aussage zu, dass die Beschreibungen und Ergebnisse sinnvoll sind (N=13).

Nicht wesentlich anders sieht es bei der Verteilung aus (Abbildung 87), ob die Beschreibungen sinnvoll sind. Hier zeigt sich, dass die Mehrheit der Personen dies als sinnvoll erachtet.

4.8.7.4 Würde Ihnen der Image Object Describer dabei helfen, Ihre zukünftigen Bildanalyseprobleme zu lösen?

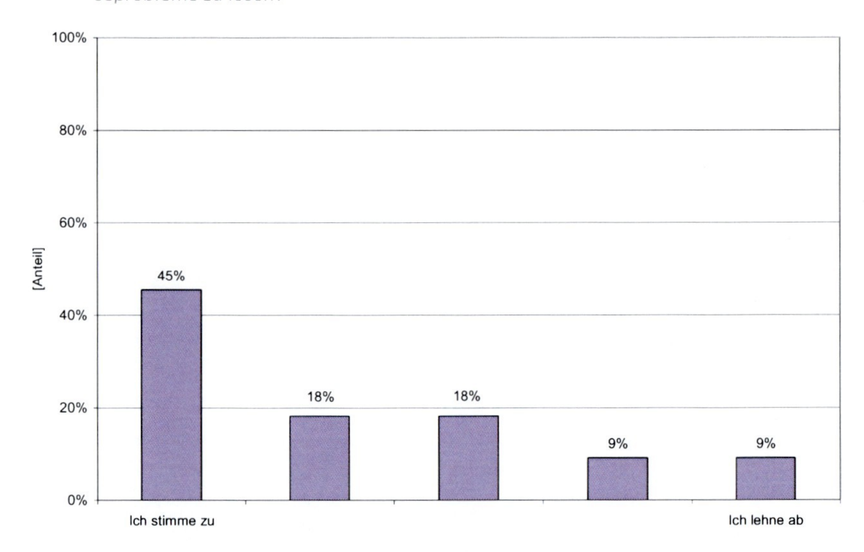

Abbildung 88: Hilfe bei der Lösung zukünftiger Bildanalyseprobleme durch den Image Object Describers.

45% stimmten zu, dass der Image Object Describer dazu helfen würde zukünftige Bildanalyseprobleme zu lösen. 9% lehnten diese Aussage ab (N=13).

Knapp der Hälfte der Testpersonen würde der Image Object Describer dabei helfen, ihre zukünftigen Bildanalyse Probleme zu lösen (Abbildung 88). Damit kann man davon ausgehen, dass der Prototyp schon in seinem sehr frühen Entwicklungsstadium als sehr sinnvoll anzusehen ist.

4.8.7.5 Wie bewerten Sie den Image Object Describer allgemein?

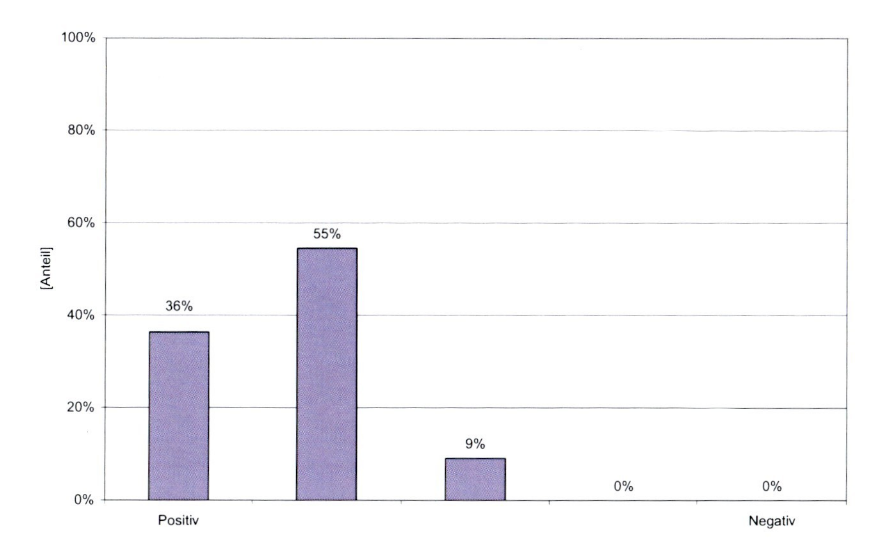

Abbildung 89: Verteilung der allgemeinen Bewertung des Image Object Describers.

36% der Befragten bewerteten den Image Object Describer als positiv. 0% als Negativ. 55% würden diesen als überwiegend positiv beschreiben (N=13).

Die allgemeine Bewertung des Image Object Describers fällt in Summe positiv aus (vergleiche Abbildung 89). Die wenigsten der Testpersonen bewerten dieses Konzept als negativ.

Zusammenfassend kann gesagt werden, dass von den Testpersonen die Konzepte des Image Object Describers als sehr positiv angesehen wurden. Dies betrifft alle Teilbereiche der Befragung. Somit ist bestätigt, dass dieser Teilaspekt des Konzeptes als hilfreich für die Lösung von Segmentieraufgaben anzusehen ist.

4.8.8 Problemdatenbank

4.8.8.1 Meinen Sie, dass es sinnvoll ist, die Probleme in einer Datenbank zu speichern?

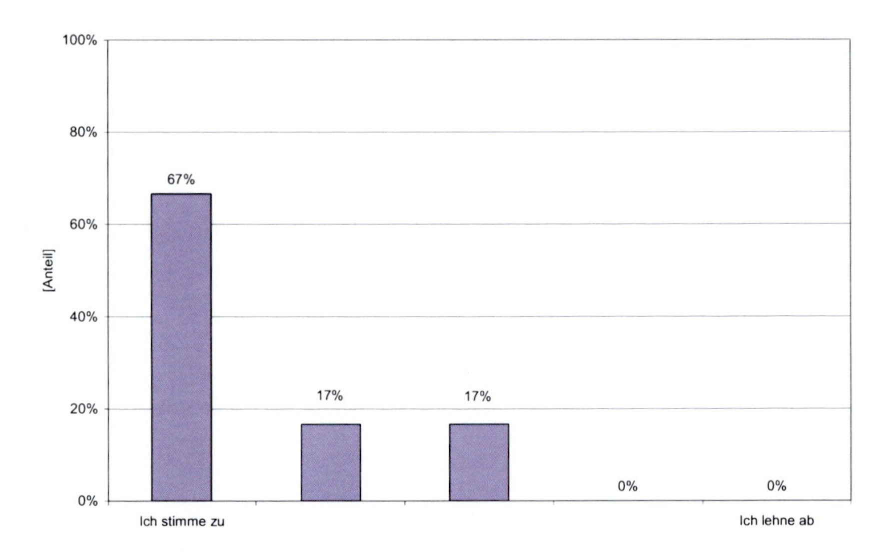

Abbildung 90: Bewertung der Problemdatenbank in Bezug auf die Eintragung von Problemen. 67% der Befragten stimmen zu, dass es sinnvoll ist ein Problem in die Problemdatenbank einzutragen. Dem gegenüber stehen 0% die dies für nicht sonnvoll erachten (N=13).

Die überwältigende Mehrheit der Testpersonen halten es für sehr sinnvoll die Bilder und Segmentieraufgaben in einer Problemdatenbank zu speichern. Hier ist festzuhalten, dass die Zustimmung fast für alle Testpersonen gilt (siehe Abbildung 90).

4.8.8.2 Würden Sie Ihre Problemstellung auch in diese Datenbank eintragen?

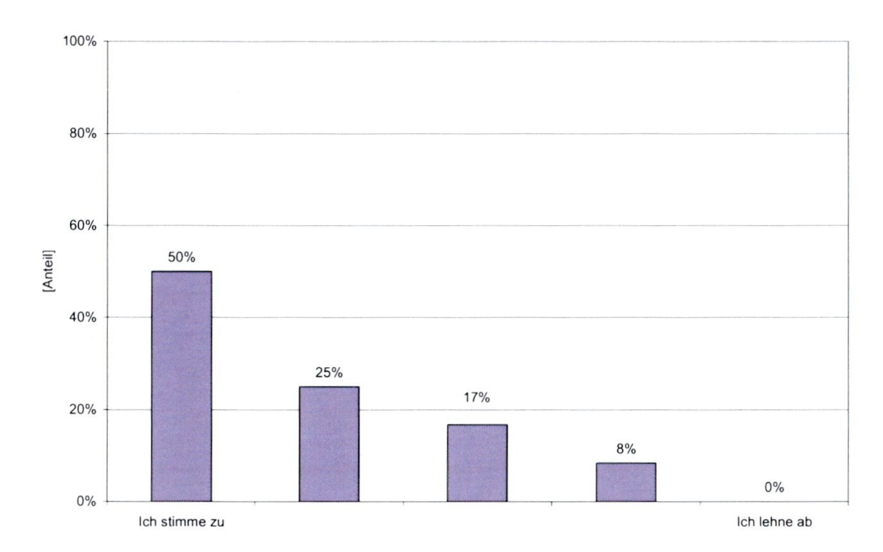

Abbildung 91: Hemmschwelle für die Eintragung von einer Problemstellung in die Datenbank. 50% würden selber einen Eintrag in die Problemdatenbank einpflegen. Keiner der Testpersonen würde dies nicht tun (N=13).

In der Abbildung 90 war danach gefragt worden, wie sinnvoll die Datenbank ist. Dies kann als sehr sinnvoll bewertet werden. Bei der Frage, ob die Testpersonen selber Ihre Probleme eintragen würden, zeigte sich ein weitaus negativeres Bild (siehe Abbildung 91). Die Zustimmung war im Vergleich wesentlich geringer, wenn auch auf einem hohen Niveau. Warum dies der Fall ist, kann nur spekuliert werden. Zum einen könnte dies an der Vertraulichkeit der Daten liegen. Bilddaten, die der Geheimhaltung unterliegen, dürfen nicht ohne weiteres im Internet veröffentlicht werden. Zum andern könnte dies daran liegen, dass die Testpersonen selbst schon ein sehr großes Wissen über mögliche Lösungsansätze haben, so dass sie selbst keinen Problemeintrag, aber eventuell eine Lösung eintragen würden.

4.8.8.3 Wie bewerten Sie die Problemdatenbank allgemein?

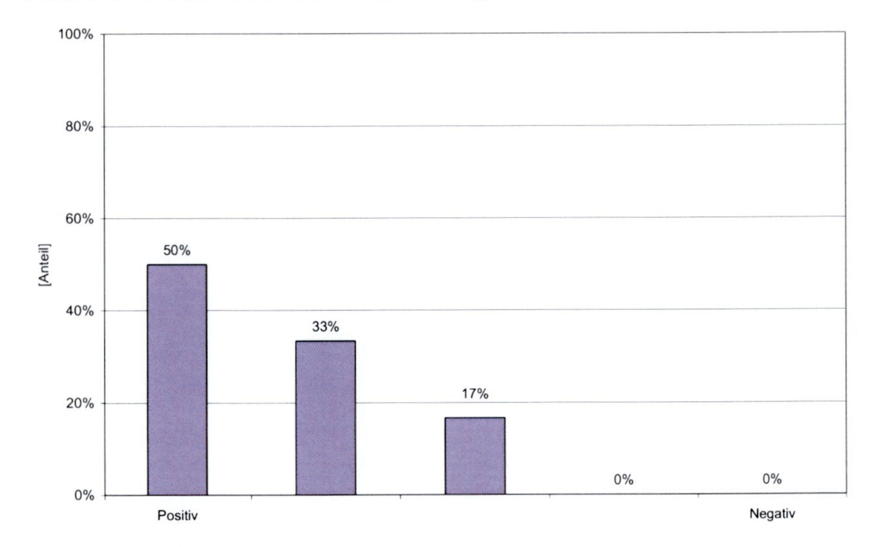

Abbildung 92: Verteilung der allgemeinen Bewertung der Problemdatenbank.

Bei der allgemeinen Bewertung der Problemdatenbank zeigt sich, dass 50% diese als positiv ansehen. Niemand sieht diese Datenbank als negativ an (N=13).

Bei der Verteilung der Problemdatenbank allgemein zeigt sich in Abbildung 92 ein positives Bild in den Ergebnissen, mit kaum negativen Bewertungen.

4.8.9 Lösungsdatenbank

4.8.9.1 Würde Ihnen die Lösungsdatenbank dabei helfen, Ihre zukünftigen Bildanalyseprobleme zu lösen?

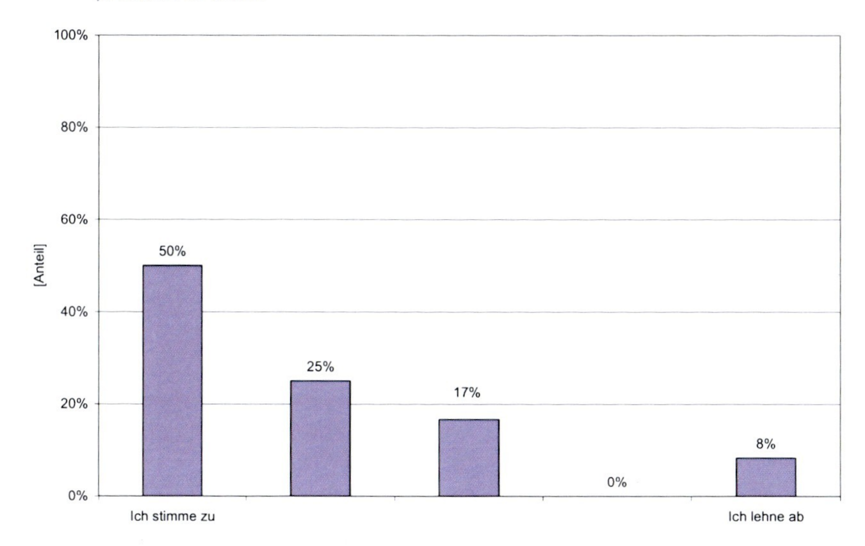

Abbildung 93: Verteilung der Bewertung der Lösungsdatenbank in Bezug auf neue Probleme.

50% der Testpersonen gaben an, das Ihnen die Lösungsdatenbank dabei helfen würde, ihre zukünftigen Bildanalyseprobleme zu lösen. 8% hingegen lehnten diese Aussage ab. Ihnen würde die Lösungsdatenbank dabei nicht helfen (N=13).

Bei der Lösungsdatenbank zeigt sich in Abbildung 93 ein gemischteres Bild, als bei den bisherigen Ergebnissen. Hier gibt es einen Anteil von Testpersonen, denen die Lösungsdatenbank nicht oder nicht gut dabei helfen würde, zukünftige Bildanalyse Probleme zu lösen. Dies kann daran liegen, dass das Wissen dieses Anteils der Testpersonen im Bereich Bildanalyse so hoch ist, dass sie nicht von solch einer Datenbank profitieren würden.

4.8.9.2 Wie bewerten Sie die Lösungsdatenbank allgemein?

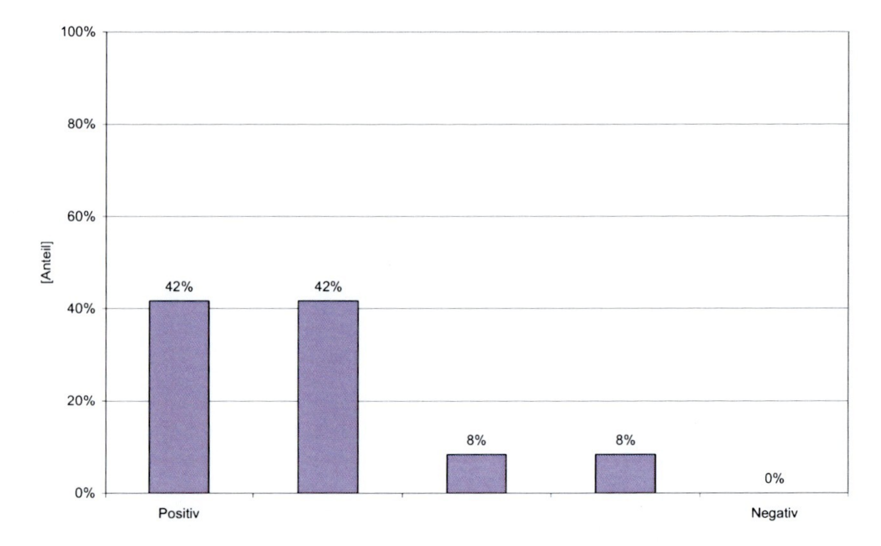

Abbildung 94: Verteilung der allgemeinen Bewertung der Lösungsdatenbank.

42% der Testpersonen bewerteten die Lösungsdatenbank als positiv. 0% als negativ. Eher positiv bewerteten die Lösungsdatenbank ebenfalls 42% der Personen (N=13).

Bei der allgemeinen Bewertung der Lösungsdatenbank fällt wieder eine Zweiteilung der Bewertungen auf (siehe Abbildung 94). Auf der einen Seite der relativ große Anteil von positiven Bewertungen, aber auch ein kleiner Anteil von eher negativen Bewertungen.

4.8.10 Methodendatenbank

4.8.10.1 Ist die DB eine sinnvolle Hilfestellung für die Auswahl einer Segmentiermethode?

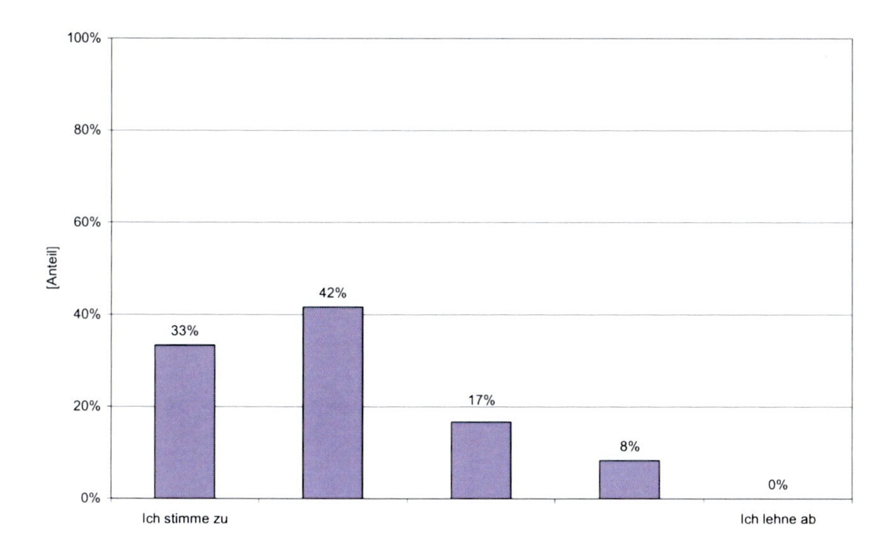

Abbildung 95: Hilfe der Methodendatenbank bei der Auswahl einer Segmentiermethode.

33% sehen die Methodendatenbank als eine sinnvolle Hilfestellung bei der Auswahl der Segmentiermethode an. 0% lehnen diese Aussage ab. Überwiegende Zustimmung war bei 42% der Testpersonen festzustellen (N=13).

Bei der Frage, ob die Methodendatenbank eine sinnvolle Hilfestellung für die Auswahl der Segmetiermethode sei, zeigt sich, dass die überwiegende Mehrheit der Testpersonen dies als positiv bewertete.

4.8.10.2 Kannten Sie vorher diese Segmentiermethoden bereits?

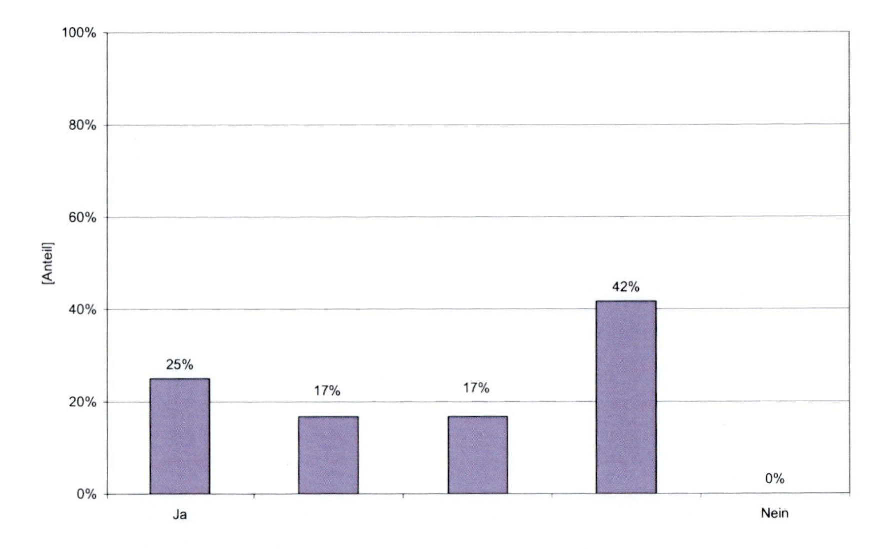

Abbildung 96: Vorwissen über die Segmentiermethoden.

25% der Befragten kannten vorher bereits die vorgeschlagenen Segmentiermethoden. 0% kannten diese nicht. 42% waren überwiegend der Meinung die Methoden vorher gekannt zu haben (N=13).

Zirka ein Viertel der Testpersonen kannten die Segmentiermethoden bereits im Vorfeld. Der andere Teil der Testpersonen kannten die Methoden aber noch nicht (siehe Abbildung 96). Somit kann man es als durchaus sinnvoll und hilfreich erachten, solch eine Datenbank zu erstellen.

4.8.10.3 Würde Ihnen die Methodendatenbank dabei helfen, Ihre zukünftigen Bildanalyseprobleme zu lösen?

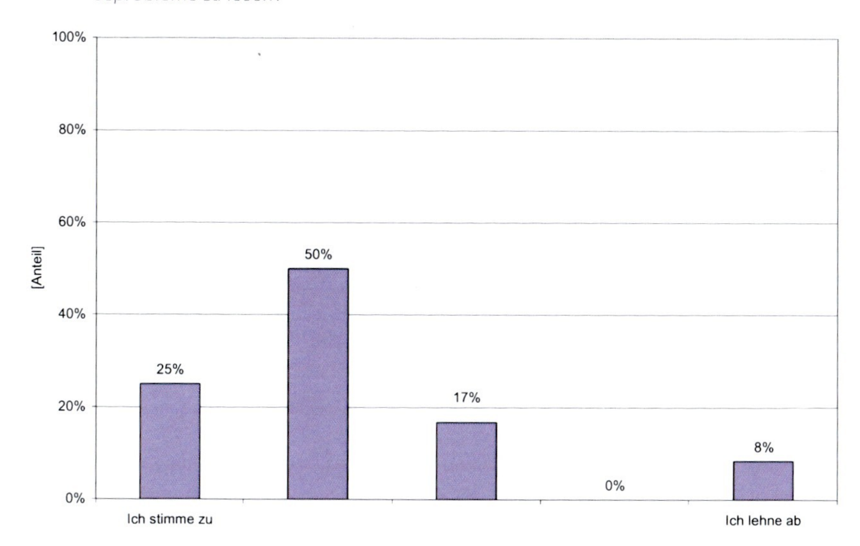

Abbildung 97: Hilfestellung der Methodendatenbank bei zukünftigen Bildanalyseproblemen.

25% stimmten zu, dass die Methodendatenbank dabei hilft zukünftige Bildanalyseprobleme zu lösen. 8% der Testpersonen lehnten diese Aussage ab. Diesen Personen würde die Methodendatenbank nicht bei zukünftigen Bildanalyseproblemen helfen (N=13).

Obwohl zirka ein Viertel der Testpersonen die Methoden schon kannten, sah es doch die Mehrzahl der Benutzer als sinnvoll an, die Methodendatenbank für die Lösung zukünftiger Bildanalyseprobleme zu benutzen (siehe Abbildung 97).

4.8.10.4 Halten Sie die subjektiven Parameter, wie "Suitable for phases" für sinnvoll?

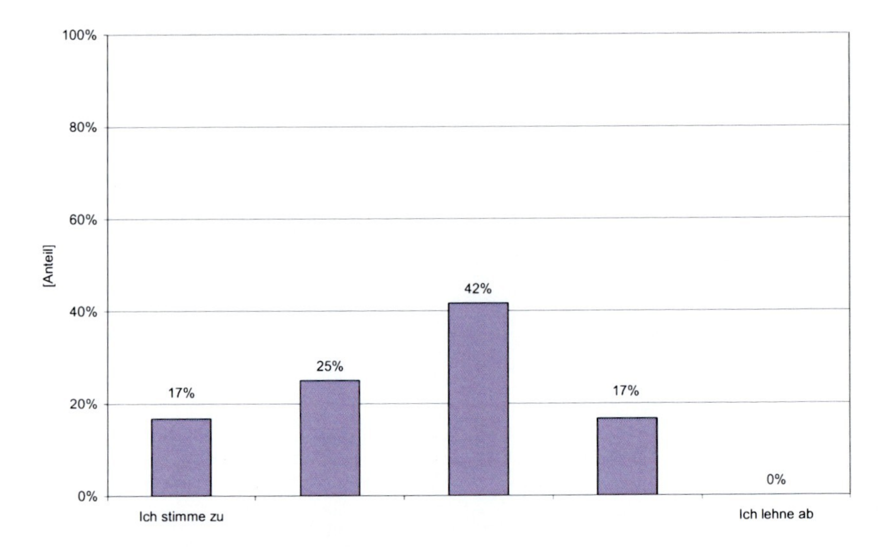

Abbildung 98: Verteilung der Bewertung von subjektiven Parametern in der Methodendatenbank. 17% halten subjektive Parameter in der Methodendatenbank für sinnvoll. 0% halten diese für nicht sinnvoll. 42% sahen die Nutzung diese Parameter als neutral an (N=13).

Die Verwendung von subjektiven Einschätzungen und Beschreibungen der Methoden zeigte in Abbildung 98 keinen klaren Vorteil für die Testpersonen. Aus diesem Grund könnte man überlegen, diese Einträge aus der Datenbank zu entfernen oder modifizieren.

4.8.10.5 Wie bewerten Sie die Methodendatenbank allgemein?

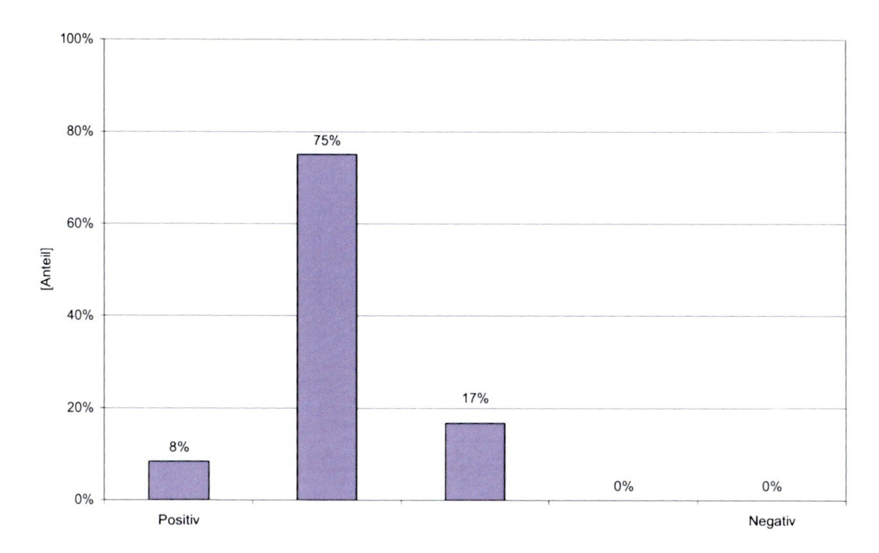

Abbildung 99: Verteilung der allgemeinen Bewertung der Methodendatenbank.

8% der Testpersonen sehen die Methodendatenbank als positiv. 0% als negativ. Überwiegend positiv sahen 75% der Testpersonen diese Methodendatenbank (N=13).

Allgemein erhielt die Methodendatenbank eine positive Bewertung. Der Anteil der negativen Bewertungen ist sehr gering.

4.8.11 Gesamtkonzept

4.8.11.1 Halten Sie die Verbindung / das Zusammenspiel der einzelnen Komponenten für sinnvoll?

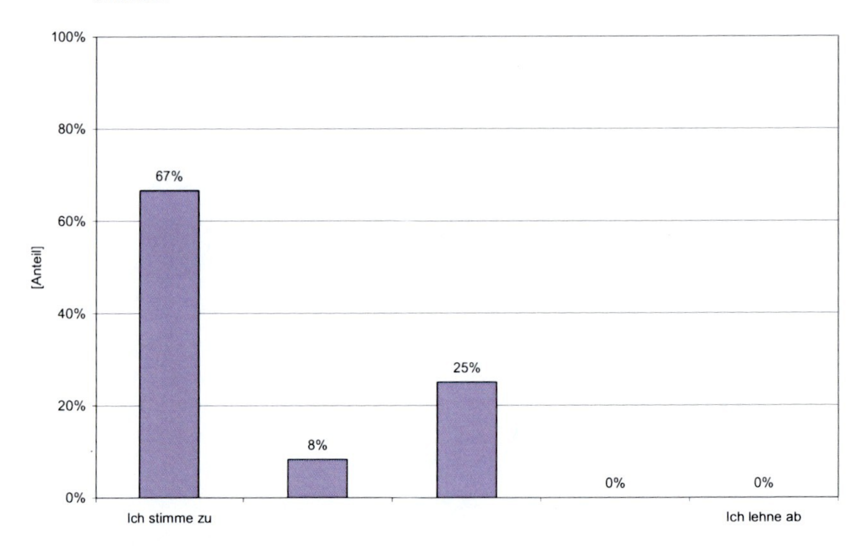

Abbildung 100: Bewertung des Zusammenspiels der einzelnen Komponenten des Konzepts.
67% der Befragten werteten das Zusammenspiel als sinnvoll. 0% Meinten, dass das Zusammenspiel nicht sinnvoll sei. 25% bewerteten dies neutral (N=13).

Die überwiegende Mehrheit der Testpersonen hält das Zusammenspiel der Komponenten für das Konzept für sehr sinnvoll. Damit konnte (siehe Abbildung 100) klar gezeigt werden, dass die Konzepte in ihrem Gesamten dem Benutzer bei der Lösung von neuen Segmentieraufgaben sehr hilfreich ist.

4.8.11.2 Wie bewerten Sie das Gesamtkonzept?

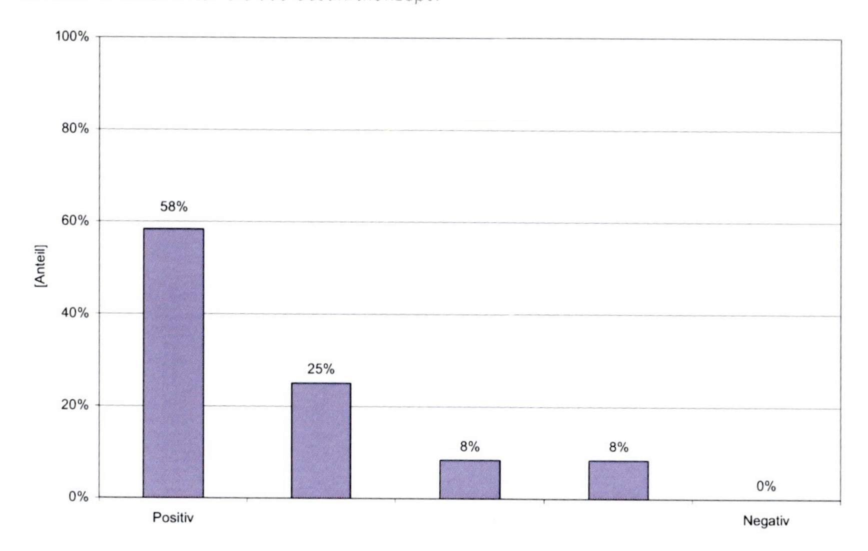

Abbildung 101: Verteilung der Bewertung des Gesamtkonzepts.

50% der Testpersonen empfanden das Gesamtkonzept als positiv. 8% als neutral und 0% als negativ. Überwiegend positiv bewerteten 25% der Personen (N=13).

Über dreiviertel der Testpersonen bewerteten das Gesamtkonzept positiv. Damit zeigt sich, dass die Einzelkonzepte als auch das Zusammenspiel der Einzelkomponenten als richtiger Weg zur Vereinfachung der Segmentierung gilt.

5 Diskussion

Die Anwendungsfelder der medizinischen Bildanalyse haben sich von den traditionellen Bereichen wie etwa MR, CT und Ultraschall auf neue Gebiete ausgeweitet. Dabei spielen Geräte wie das Mikroskop oder das Endoskop eine immer größere Rolle. Vergleichbar geblieben sind die zum Teil sehr komplexen Aufgabenstellungen. Hier wurden große Fortschritte in einzelnen Teilbereichen erzielt, jedoch gibt es bis dato immer noch keine generischen Lösungen für die verschiedenen Probleme der Bildanalyse. So arbeiten die allermeisten Lösungen nur auf ganz spezielle Bilder aus dem Problemraum. Ändert sich das Anwendungsfeld und damit die Bilder, so muss sehr oft auch der Algorithmus angepasst werden. Das Problem hierbei ist, dass dies häufig nicht durch die Person geschieht, die auch die Bildauswertung macht, sondern durch ein Informatiker oder Techniker. Dadurch ergeben sich jedoch oftmals Probleme in der Kommunikation, da das Problembewusstsein bei diesen beiden Aktoren oft sehr unterschiedlich ist. Weiterhin haben viele Mediziner vorbehalte, weil sie das Bildanalysesystem nicht in allen methodischen Einzelheiten erfassen können.

Zu Beginn der hier vorgestellten Arbeit wurde eine Analyse in Form einer Onlineumfrage unter Personen aus dem Bereich Mikroskopie durchgeführt. Mit Hilfe der Ergebnisse dieser Befragung ließen sich erstmals genauere Aussagen über die Bildanalyseprobleme treffen. Weiterhin wurden die Fähigkeiten der teilnehmenden Personen genauer charakterisiert. Die Einschränkung dabei war, dass der Fokus nur auf die Mikroskopie und nicht auf die gesamte Biomedizin gelegt wurde. Hier würde ein genauerer Blick auf den breiten medizinischen Bereich sicherlich weitere interessante Ergebnisse erbringen. Auch wäre von Interesse, ob es signifikante Unterschiede zwischen dem Bereich der Mikroskopie und der Medizin im Allgemeinen gibt. Ein weiterer Schwachpunkt der Umfrage ist der hohe Anteil teilnehmender Personen aus dem amerikanischen Raum, was sicherlich zu einer gewissen Verzerrung geführt hat.

Dennoch kann anhand der Häufigkeit der benutzten Messparameter eine Einschätzung der gängigen Bildanalyseproblemstellungen abgeleitet werden. Hier ist jedoch zu beachten, dass ein Transfer von den aggregierten Ergebnissen zu Einzelfallaussagen nicht vorgenommen werden kann. Die Ergebnisse aus der Kontextanalyse gewähren einen sehr differenzierten Blick auf die Bildanalyse im Allgemeinen und, anhand sehr konkreter Aufgabenstellungen, auch im speziellen. Das Kernproblem der Kommunikation der bildanalytischen Aufgabenstellung zwischen User und Entwickler wurde mehrfach erwähnt und als wichtig erkannt. Hier liegt der Schwachpunkt der vorliegenden Studie darin, dass sowohl die Interviews mit den Usern, als auch die Auswertung der Ergebnisse von nur einer Person durchgeführt wurden. Dies widerspricht in gewisser Hinsicht der korrekten methodischen Vorgehensweise, bei der dies in gemeinsamen Runden mit den Personen und mehreren interpretierenden Personen stattfinden sollte.

Aufgrund der erhaltenen Ergebnisse der Kontextanalyse wurden anschließend verschiedene Ansätze zur Verbesserung dieser Probleme erstellt. Einer war der Aufbau einer Datenbank für Segmentiermethoden. Diese Datenbank soll die verschiedenen Methoden an einem Ort speichern und einfach zugänglich machen.

Die Qualität dieser Datenbank hängt sehr stark von der Akzeptanz durch die forschende Community ab. Wird sie nicht akzeptiert und gepflegt, so läuft sie Gefahr, zu veralten und damit wertlos zu werden. Auch stellt sich die Frage, von wem solch eine Methodendatenbank gepflegt werden darf. Soll dies durch ein Gremium von Fachpersonen oder durch die Person, die den Eintrag angelegt hat, erfolgen?

Ein in der Validierung des Konzeptes kritisierter Punkt waren die Kategorien „suitable for..." zur groben Eignungsklassifikation von Methoden. Dabei ging es den Benutzern vermutlich darum, dass hier eine zu starke Vereinfachung der Einteilung und Bewertung erfolgte. Die Eignung einer Methode kann nicht ohne Weiteres in solch groben Kategorien erfolgen. Hier wäre zu überlegen, die Kategorien nur optional anzubieten oder ganz heraus zu nehmen.
Sehr eng verbunden mit der Methodendatenbank ist die Problemdatenbank. Diese enthält sowohl die Problemstellung, wie auch die verschiedenen möglichen Lösungen zum jeweiligen Problem. Sehr großen Wert wurde hierbei darauf gelegt, den Kontext des Problems mit abzubilden. So wurde zum Beispiel erfasst, mit welchem Aufnahmeverfahren die Bilder aufgenommen worden sind.

Auch hier hängt das Gelingen und Wachstum der Datensammlung stark von den Benutzern der Datenbank ab. Hier wurden in der Bewertung die „Subjective"-Kategorien kritisiert und angemerkt, dass solche persönlichen Einschätzungen nicht immer hilfreich sind. Einer große Feldstudie sollte klären, ob bzw. inwieweit diese Kategorien hilfreich sind.

Ein weiterer wichtiger Punkt ist die Frage, wie gut denn die Lösung zu dem Problemeintrag passt. Dies kann eventuell nur der Eintragende selbst beantworten. Das führt allerdings zu der Schwierigkeit, dass der Eintragende (wie aus der Kontextanalyse bekannt) sehr oft nur geringes Wissen über die Bildanalyse hat. Er kann somit nur subjektiv und visuell die Qualität der Lösungen bewerten. Dennoch kann der Eintragende bewerten, wie gut die Lösung in Bezug auf Randparameter zu seinem Problem passt. Dazu könnte gehören, ob der Benutzer eine Lösung für nur eine bestimmte Softwareplattform sucht, ob die Lösung kostenlos oder kostenpflichtig ist oder ob die Lösung in einer bestimmten Programmiersprache implementiert worden ist. Hier lassen sich sicher noch viele weitere Kriterien finden.

Bei nahezu jeder Lösung eines Bildanalyseproblems steht die Segmentierung in einem Zwischenschritt von Vor- und Nachverarbeitung. Die Vorverarbeitung versucht die Bilder optimal für die jeweilige Segentiermethode anzupassen. Dabei wird sehr häufig versucht, Unzulänglichkeiten, die durch die Bildaufnahmen entstanden sind, zu minimieren oder sogar zu eliminieren. Ein Beispiel hierfür ist die so genannte Shadingkorrektur bei einem inhomogen ausgeleuchteten Bildfeld. In der Lösungsdatenbank können diese Vorverarbeitungsschritte nur textuell beschrieben werden. Ob dies ausreichend ist, kann in der aktuellen Konzeptionsphase noch nicht abgeschätzt werden.

Nach der Segmentierung selbst erfolgt oftmals eine Nachverarbeitung. Dabei werden gewöhnlich noch einmal sehr wichtige Verbesserungen an den Ergebnissen der Segmentierung vorgenommen. Zum Beispiel werden Objekte mit einer bestimmten Größe herausgefiltert. Diese Nachverarbeitung ist aber manchmal auch immanenter Teil der Segmentiermethode selbst und kann somit nicht von ihr getrennt werden. Daraus ergibt sich das Problem, wie dieser Schritt strukturiert dokumentiert werden könnte. Hier liegt sicher eine der großen Schwächen des Konzeptes. Nur eine Methode für ein Problem zu nennen ist oftmals nicht ausreichend.

Eine ungelöste Schwierigkeit bei der Problemdatenbank ist die Verwaltung und Behandlung der Bildrechte. Hier wurden noch keine Lösungen betrachtet. Denkbar wäre beispielsweise, das Bild mit einem Wasserzeichen zu versehen („Watermarking"). Hat ein Benutzer Interesse daran, das betreffende Bildanalyseproblem zu bearbeiten, so kann er nach Freigabe durch den Eintragenden des Problems das Bild ohne Wasserzeichen erhalten.
Ein weiterer Baustein des Konzeptes ist die Erstellung eines Interaktionsprototyps für die Hilfe bei der Beschreibung des Bildanalyseproblems. Hier soll der Benutzer maximale Unterstützung erhalten, um möglichst intuitiv seine Aufgabenstellung zu definieren und zu beschreiben.

Ein großer Vorteil des Systems ist, dass die Software erstens die Problembeschreibungen lokal für jede einzelne Kategorie erstellt. Dies bedeutet, dass zum Beispiel die Bereiche der Leber und des Magens in einem CT-Bild unterschiedliche Bildanalysemethoden erfordern. Zweitens liefert die Software nicht die Lösung, sondern Lösungsansätze. Damit ist es dem Benutzer freigestellt, die für ihn optimale Lösung auszuwählen. Weiterhin wird durch die sehr detaillierte Problembeschreibung die Kommunikation mit anderen Partnern, wie etwa Informatikern oder Firmen, sehr stark vereinfacht. Die Problembeschreibung ist so detailliert, das beide Seiten sich sehr genau vorstellen können, was das Bildanalysesystem können sollte. Weiterhin kann sich der Mediziner über den Link in die Methodendatenbank auf sehr einfachem Wege selbst einen Einblick in die verschiedenen Methoden verschaffen.

Ein Nachteil ist derzeit allerdings noch, dass es sich bei dem im Rahmen dieser Doktorarbeit entwickelten Prototypen (Image Object Describer) um eine Software handelt, die nur lokal lauffähig ist und deshalb zuerst installiert werden muss. Es handelt sich zwar um Freeware, dennoch ist die Schwelle für das „schnelle" Ausprobieren relativ hoch. Daher würde es sich im nächsten Schritt anbieten, die Software auf eine webbasierten Plattform zu portieren. Weiterhin bestünde die Möglichkeit, sie in einem weit verbreiteten Open-Source Projekt (ImageJ) zu implementieren.

Ein Bestandteil des Image Objekt Describers, neben der Hilfestellung bei der Problembeschreibung, ist die automatische Generierung einer Liste von möglichen Segmentiermethoden, die für das Bildanalyseproblem passend ist. Hier wird auf eine geringe Zahl von eingehenden Parametern zurückgegriffen. Das Problem hierbei ist, dass diese zwar gewichtet einfließen, aber dennoch die Anzahl sehr gering und damit sehr fehleranfällig ist. Auch ist die Wertung der einzelnen Parameter nach rein subjektiven Erfahrungswerten vorgenommen worden. Hier steckt weiteres Potential für Weiterentwicklung. Durch eine große Anzahl von Einträgen in der Lösungsdatenbank könnte die Methodik deutlich verbessert werden.

Auch wäre es sehr wünschenswert, wenn die Beschreibung und der Bericht, der automatisch im Image Object Describer generiert wird auch per „Knopfdruck" in die Problemdatenbank eingetragen werden könnte. Hier würden dann die Bildanalyseprobleme in einer strukturierten Art und Weise abgelegt. Der Vorteil ist, dass die Benutzer Ihre gewohnte Softwareapplikation nicht verlassen müssen. Denkbar wäre auch eine Integration in andere Softwarepakete. Dies könnte als offene API-Schnittstelle erfolgen. Somit könnten über diese definierte Schnittstelle Bildanalyseprobleme in strukturierter Form gesammelt werden. Auch kann man sich vorstellen, dass man die Lösung in derselben Art und Weise strukturiert ablegt. Somit würde das, was aktuell in den Softwarepaketen „versteckt" geschieht, den Usern zugänglich sein.

Im Gesamtkonzept wurde der Fokus auf zweidimensionale Bilder gelegt. Weitere Dimensionen wie die Zeit, der Ort, die Tiefe (3D) sind zwar prinzipiell möglich, bedürfen aber der Erweiterung und Anpassung. Besonders im Bereich der 3D Visualisierung und Problembeschreibung müssten zusätzliche Funktionen zur Verfügung gestellt werden. Denkbar wäre, dass die Auswahl der sinnvollen Bildanalysemethoden durch die vorgegebenen Dimensionen schon vorselektiert wird. Auch sind die Beschreibung und Bewertung der Segmentiermethoden sicherlich komplexer als im Fall zweidimensionaler Bilder.

Zusammenfassend lässt sich sagen, dass in einigen Bereichen ein entscheidender Fortschritt im Verständnis der Probleme der Benutzer bei der Bildanalyse erreicht worden ist. Des Weiteren wurden zu den erkannten Problemen neue Lösungsvorschläge erarbeitet. Dennoch sind auch diese Lösungen nur ein weiterer Schritt in der Verbesserung von Bildanalysesystemen in Biologie und Medizin. Würden die in dieser Arbeit gezeigten neuen Konzepte und Ideen weiter verfeinert und ausgebaut werden, könnten diese eine entscheidende Hilfe für die Analyse von Bilddaten und damit letztendlich der biomedizinischen Forschung darstellen.

6 Zusammenfassung

Bis zum heutigen Zeitpunkt ist es nicht gelungen, für alle Anforderungen an die medizinische Bildverarbeitung eine universelle Lösung anzubieten. Warum wird trotz der hohen Anzahl der in der Literatur veröffentlichten Methoden nur ein Bruchteil in der Praxis angewendet? Was ist das Problem für die Benutzer von Segmentiersystemen?

Um das Problem genauer zu analysieren, wurde erstmals ein benutzerorientierter Ansatz gewählt. Es wurde eine Zielgruppenanalyse durchgeführt, um die Grundeigenschaften (Alter, Geschlecht, typische Arbeitsweisen, etc.) der Benutzer von Segmentiersystemen näher zu charakterisieren. Basierend darauf, erfolgte eine Contextual Design Studie. Hierbei wurde analysiert, wie die Benutzer aktuell Probleme lösen, welche Werkzeuge und Methoden sie benutzen, wo die Probleme sind und welche Schwächen in den Strukturen und Prozessen zu beobachten sind.

Ein Problem im Prozess der Segmentierung ist das fehlende fachspezifische Vorwissen (Anwendungsbereich, Vor- und Nachteile, Prozessintegration, Parameter, etc.) über die Segmentierwerkzeuge. Welches ist die beste Methode für mein Bildanalyseproblem? Welche Methoden gibt es überhaupt? Weiterhin sind die Bildanalyseprobleme im Allgemeinen sehr fachspezifisch. Daher wurden folgende Lösungsansätze erstellt:

a. Konzeptionierung und Erstellung eines Prototyps für eine Referenzbilddatenbank für biomedizinische digitale Bilddatensätze „Referenzbilddatenbank".

b. Konzeptionierung und Erstellung einer Datenbank zur Kategorisierung und Beschreibung von verfügbaren Segmentierwerkzeugen und Methoden: „Segmentiermethodendatenbank".

c. Konzeptionierung und Erstellung eines Prototyps für die Segmentation von Bilddatensätzen „Image Object Describer". Dieser Prototyp soll dem Benutzer einen Vorschlag für eine optimal zu dem Analyseproblem passende Segmentiermethode erstellen.

Die Erstellung der Vorschläge erhält die Daten aus der Segmentiermethodendatenbank. Hat der Anwender die vorgeschlagene Methode benutzt und seine Bilder analysiert, sollen diese Ergebnisse anschließend in die Referenzbilddatenbank zurückfließen. Somit soll eine Verknüpfung zwischen den Methoden und den Problemstellungen geschaffen werden.

Die Anwendung von benutzerzentriertem Design auf den Segmentierprozess ergab einen neuen Blick auf den Problemraum. Entscheidend neu, ist die Verknüpfung von Referenzbild-datenbank, Methodendatenbank mit dem Image Objekt Describer. Damit ist es möglich, dass die beste Segmentiermethode für das Bildanalyseproblem einfach gefunden werden kann. Die Qualität dieser Datenbanken hängt aber sehr stark von der Akzeptanz durch die Wissen-schaftscommunity ab. Wird diese Datenbank nicht akzeptiert und gepflegt, läuft sie Gefahr zu veralten und damit wertlos zu werden.

Die Extraktion von Bildobjekten aus digitalen Bildern stellt immer noch eine große Heraus-forderung dar. Bis dato werden jedoch immer noch stark technikgetriebene Lösungen er-stellt. Mit dieser Arbeit soll nun der Anstoß für einen verstärkten Einsatz von benutzerorien-tierten Prozessen in der Bildanalyse erfolgen. Damit ist es möglich, die verfügbaren Metho-den besser einzusetzen und Ihr Potential zu erhöhen.

In Zukunft könnte die Segmentiermethodendatenbank ein Standartportal für die Suche nach Lösungsansätzen der biomedizinischen Forschung werden.

7 Literaturverzeichnis

1. Adams R , Bischof L. Seeded region growing. Pattern Analysis and Machine Intelligence, IEEE Transactions on 1994; 16(6):641-7.

2. Athelogou M SG, Schäpe A, Baatz M, Binnig G. Imaging Cellular and Molecular Biological Functions. Springer-Verlag Berlin Heidelberg: Spencer L. Shorte and Friedrich Frischknecht; 2007.

3. Bankman I. Handbook of Medical Image Processing and Analysis. 2 ed: Academic Press; 2008.

4. Barrett WA , Mortensen EN. Interactive live-wire boundary extraction. Med Image Anal 1997; 1(4):331-41.

5. Beller M, Stotzka R , Gemmeke H. Merkmalsgesteuerte Segmentierung in der medizinischen Mustererkennung. In: Bildverarbeitung für die Medizin 2004. p. 184-8

6. Beyer H , Holtzblatt K. Contextual Design: Defining Customer-centered Systems: Morgan Kaufmann; 1998.

7. Bijlsma WR , Mourits MP. Radiologic Measurement of Extraocular Muscle Volumes in Patients with Graves' Orbitopathy: A Review and Guideline. Orbit 2006; 25(2):83-91.

8. Blake A, Rother M, Brown P, Perez P , Torr P. Interactive Image Segmentation Using an Adaptive GMMRF Model. In: Computer Vision - ECCV 2004. p. 428-41

9. Blank R , Eigenmann D. Erweiterung einer Referenzbilddatenbank für die medizinische Bildverarbeitung. Teil 1: Recherche nach Referenzdatenbanken in Bioinformatik und Medizin. IDP Report: Department od Medical Statistics and Epidemiology, Munich University of Technology; 2004.

10. Bookstein FL. Principal warps: thin-plate splines and the decomposition of deformations; 1989.

11. Brown MS, Wilson LS, Doust BD, Gill RW , Sun C. Knowledge-based method for segmentation and analysis of lung boundaries in chest X-ray images. Comput Med Imaging Graph 1998; 22(6):463-77.

12. Butenuth M , Jetzek F. Network Snakes for the Segmentation of Adjacent Cells in Confocal Images. In: Horsch, Deserno, Handels, Meinzer and Tolxdorff, editors. Bildverarbeitung für die Medizin 2007: Informatik aktuell, Springer. p. 247-51

13. Canny J. A computational approach to edge detection. IEEE Transactions on Pattern Analysis and Machine Intelligence 1986; 8(6):679-98.

14. Cardoso JS , Corte-Real L. Toward a Generic Evaluation of Image Segmentation. Image Processing, IEEE Transactions on 2005; 14(11):1773-82.

15. Chang YL , Li X. Adaptive image region-growing. Image Processing, IEEE Transactions on 1994; 3(6):868-72.

16. Chen H, Qi F , Zhang S. Supervised video object segmentation using a small number of interactions. Acoustics, Speech, and Signal Processing, 2003. Proceedings.(ICASSP'03). 2003 IEEE International Conference on 2003; 3.

17. Chrasteck R, Wolf M, Donath K, Niemann H, Hothorn T, Lausen B, Lammer R, Mardin CY , Michelson G. Automated Segmentation of the Optic Nerve Head for Glaucoma Diagnosis. Bildverarbeitung für die Medizin 2003:338-42.

18. Chrastek R, Wolf M, Donath K, Michelson G , Niemann H. Optic Disc Segmentation in Retinal Images. Bildverarbeitung für die Medizin 2002, Tagungsband 2002.

19. Coble JM, Maffitt JS, Orland MJ , Kahn MG. Contextual inquiry: discovering physicians' true needs. Proc Annu Symp Comput Appl Med Care 1995; 469:73.

20. Collins DL, Zijdenbos AP, Kollokian V, Sled JG, Kabani NJ, Holmes CJ , Evans AC. Design and construction of a realistic digital brain phantom. Medical Imaging, IEEE Transactions on 1998; 17(3):463-8.

21. Cosic D , Loncaric S. Rule-Based Labeling of CT Head Image. Proceedings of the 6th Conference on Artificial Intelligence in Medicine in Europe 1997:453-6.

22. Cuadra MB, Gomez J, Hagmann P, Pollo C, Villemure JG, Dawant BM , Thiran JP. Atlas-based segmentation of pathological brains using a model of tumor growth. Proc. 2nd Int. Conf. Medical Image Computing and Computer-Assisted Intervention 2002:380-7.

23. Cuisenaire O, Thiran JP, Macq B, Michel C, De Volder A , Marques F. Automatic registration of 3D MR images with a computerized brain atlas. Medical imaging 1996; 2710:438-48.

24. Dice LR. Measures of the Amount of Ecologic Association Between Species. Ecology 1945; 26(3):297-302.

25. Duncan J , Ayache N. Medical image analysis: progress over two decades and thechallenges ahead. Pattern Analysis and Machine Intelligence, IEEE Transactions 2000; 22(1):85-106.

26. Falcao A, Udupa J, Samarasekera S, Sharma S, Hirsch B , Lotufo R. User-Steered Image Segmentation Paradigms: Live Wire and Live Lane. Graphical Models and Image Processing 1998; 60(4):233-60.

27. Falcao AX , Udupa JK. A 3D generalization of user-steered live-wire segmentation. Med Image Anal 2000; 4(4):389-402.

28. Felkel P, Sykora L , Zara J. Three Medical Image Segmentation Algorithms. Acta Polytechnica 1997; 37(2):51-63.

29. Fenster SD. Training, Evaluation and Local Adaptation in Deformable Models; 2000.

30. Ferrant M, Cuisenaire O , Macq B. Multi-Object Segmentation of Brain Structures in 3D MRI Using a Computerized Atlas. SPIE Medical Imaging'99 1999; 3661:2.

31. Fischler M, Tenenbaum, J.M., Wolf, H.C. Detection of Roads and Linear Structures in Low Resolution Aerial Images Using Multi-Source Knowledge Integration Techniques. Computer Vision, Graphics and Image Processing 1981; 15(3):201-23.

32. Flach PA. The geometry of ROC space: understanding machine learning metrics through ROC isometrics. Proceedings of the Twentieth International Conference on Machine Learning 2003:194-201.

33. Foo JL. A survey of user interaction and automation in medical image segmentation methods; 2006.

34. Frantz S, Rohr K, Stiehl HS, Kim SI , Weese J. Validating Point-based MR/CT Registration Based on Semi-automatic Landmark Extraction. Proc. CARS 1999; 99:233.

35. Freeborough PA, Fox NC , Kitney RI. Interactive algorithms for the segmentation and quantitation of 3-D MRI brain scans. Comput Methods Programs Biomed 1997; 53(1):15-25.

36. Fröba B, Münzenmayer C, Stecher S , Wittenberg T. Augenlokalisation und--analyse in klinischen Applikationen. Bildverarbeitung für die Medizin 2002, Tagungsband 2002.

37. Ghanei A, Soltanian-Zadeh H , Windham JP. Segmentation of the hippocampus from brain MRI using deformable contours. Comput Med Imaging Graph 1998; 22(3):203-16.

38. Gil-Rodriguez E, Ruiz I, Iglesias A, A., Moros JG , Runio F, S. Organizational, Contextual and User-Centered Design in e-Health: Application in the Area of Telecardiology. In: Third Symposium of the Workgroup Human-Computer Interaction and Usability Engineering of the Austrian Computer Society, USAB 2007. p. 69-82

39. Gindi G, Rangarajan A , Zubal IG. Atlas guided segmentation of brain images via optimizing neural networks. Proc. SPIE Biomedical Image Processing, Part IV, SPIE Proceedings 1993; 1905.

40. Goumeidane AB, Khamadja M, Belaroussi B, Benoit-Cattin H , Odet C. New discrepancy measures for segmentation evaluation. Image Processing, 2003. Proceedings. 2003 International Conference on 2003; 2.

41. Hamarneh G , McInerney T. Physics-Based Shape Deformations for Medical Image Analysis. SPIE-IST Electronic Imaging: Image Processing: Algorithms and Systems 2003; 5014:354-62.

42. Handels H, Horsch A , Meinzer H. Advances in medical image computing. Methods Inf Med 2007; 46(3):251.

43. Haralick. Image Segmentation techniques. Computer Vision, Graphics and Image Processing 1985; 29:100-32.

44. Heinze P, Daeuber S, Meister D, Sungu M , Woern H. Formvariables Oberflächenmodell zur Segmentierung pathologischer Kniegelenke aus medizinischen Bilddaten. Bildverarbeitung fuer die Medizin 2002:201-4.

45. Hojjatoleslami SA , Kittler J. Region growing: a new approach. Image Processing, IEEE Transactions on 1998; 7(7):1079-84.

46. Horsch A , Thurmayr R. How to Identify and Assess Tasks and Challenges of Medical Image Processing. Proceedings of the Medical Informatics Europe Conference (MIE 2003), St. Malo, France, May 2003:281-5.

47. Horsch A. Picture of health: advances in medical image processing 2006; [cited 2009-06-23]. Available from URL: http://www.hospitalmanagement.net/features/feature647/

48. Horsch A, Blank R , Eigenmann D. EFMI reference image database initiative: Concept, state and related work. International Congress Series 2005; 1281:447-52.

49. Horsch A, Prinz M, Schneider S , Sipila. Establishing an International Reference Image Database for Research and Development in Medical Image Processing. Methods Inf Med 2004; 43(4):409-12.

50. Hough PV, Inventor;. Methods an means for recognizing complex patterns patent U.S. Patent 306954. 1962.

51. Hug J, Brechbuhler C , Szekely G. Tamed snake: A particle system for robust semi-automatic segmentation. Second International conference on Medical Image computing and Computer-assisted intervention (MICCAI'99) 1999; 1679:106-15.

52. Hug JM. Semi-automatic Segmentation of Medical Imagery; 2001.

53. Jackowski M , Goshtasby A. A Computer-Aided Design System for Refinement of Segmentation Errors; 2004.

54. Jannin P, Grova C , Maurer CR. Model for defining and reporting reference-based validation protocols in medical image processing. International Journal of Computer Assisted Radiology and Surgery 2006; 1(2):63-73.

55. Jensen JA , Nikolov I. Fast simulation of ultrasound images. Ultrasonics Symposium, 2000 IEEE 2000; 2.

56. Jensen JA. Field: A Program for Simulating Ultrasound Systems. Medical Biological Engineering Computing 1997; 34(sup. 1):351-3.

57. Kang Y, Engelke K , Kalender WA. Interactive 3D editing tools for image segmentation. Med Image Anal 2004; 8(1):35-46.

58. Kapur T, Grimson W, Wells WM , Kikinis R. Segmentation of Brain Tissue from Magnetic Resonance Images Med. Image. Anal 1996; 1:109-27.

59. Kass M, Witkin A , Terzopoulos D. Snakes: Active Contour Models. International Journal of Computer Vision 1988; 1(4):321-31.

60. Kennedy D, Filipek P , Caviness V, Jr. Anatomic segmentation and volumetric calculations in nuclearmagnetic resonance imaging. Medical Imaging, IEEE Transactions on 1989; 8(1):1-7.

61. Kocher M , Leonardi R. Adaptive region growing technique using polynomial functions for image approximation. Signal Processing 1986; 11(1):47-60.

62. Kohnen M, Mahnken AH, Kesten J, Gunther R , Wein B. Ein wissensbasiertes dreidimensionales Formmodell fur die Segmentierung von organischen Strukturen. Proc. Bildverarbeitung fur die Medizin (BVM) 2002:197-200.

63. Kosorukoff A. Human based genetic algorithm. Systems, Man, and Cybernetics, 2001 IEEE International Conference on 2001; 5.

64. Kunert T, Heiland M , Meinzer H-P. Interaktive Segmentierung von zweidimensionalen Datensätzen mit Hilfe von Aktiven Konturen. In: Bildverarbeitung für die Medizin 2001. p. 257-61

65. L. M, Langø T, Lindseth F , Collins DL. A review of calibration techniques for freehand 3-D ultrasound systems. Ultrasound Med Biol. 2005; 31(4):449-71.

66. Lange T, Lamecker H , Seebaß M. Ein Softwarepaket für die modellbasierte Segmentierung anatomischer Strukturen. Bildverarbeitung für die Medizin 2003, Tagungsband 2003.

67. Lasko TA, Bhagwat JG, Zou KH , Ohno-Machado L. The use of receiver operating characteristic curves in biomedical informatics. J Biomed Inform 2005; 38(5):404-15.

68. Law TY , Heng PA. Automated extraction of bronchus from 3D CT images of lung based on genetic algorithm and 3D region growing. Proc SPIE 2000; 3979:906-16.

69. Lehmann TM. Handbuch der medizinischen Informatik. Munich: Hanser Fachbuchverlag; 2005.

70. Levine MD , Shaheen SI. A modular computer vision system for picture segmentation and interpretation. IEEE Transactions on Pattern Analysis and Machine Intelligence 1981; 3:540-56.

71. Liang L, Rehm K, Woods RP , Rottenberg DA. Automatic segmentation of left and right cerebral hemispheres from MRI brain volumes using the graph cuts algorithm. NeuroImage 2007; 34(3):1160-70.

72. Loncaric S , Kovacevic D. A Method for Segmentation of CT Head Images. Proceedings of the 9th International Conference on Image Analysis and Processing-Volume II 1997:388-95.

73. Mangin JF, Coulon O , Frouin V. Robust brain segmentation using histogram scale-space analysis and mathematical morphology. Lecture Notes in Computer Science 1998; 1496:1230.

74. Martin D , Fowlkes C. The Berkeley Segmentation Dataset and Benchmark 2003; [cited 2009-06-23]. Available from URL:
http://www.eecs.berkeley.edu/Research/Projects/CS/vision/bsds/

75. Martin-Fernandez M , Alberola-Lopez C. An approach for contour detection of human kidneys from ultrasound images using Markov random fields and active contours. Med Image Anal 2005; 9(1):1-23.

76. McInerney T , Terzopoulos D. Deformable models in medical image analysis: a survey. Med Image Anal 1996; 1(2):91-108.

77. McInerney T , Terzopoulos D. T-snakes: topology adaptive snakes. Med Image Anal 2000; 4(2):73-91.

78. Meinzer HP. 20 Jahre medizinische Bildverarbeitung - Ränder, Regionen, Intelligenz und Wahrnehmung - Hauptvortrag bvm2000. In: anonymous, editor.; 2000.

79. Mishra A, Dutta PK , Ghosh MK. A GA based approach for boundary detection of left ventricle with echocardiographic image sequences. Image and Vision Computing 2003; 21(11):967-76.

80. Morse B, Barrett WA, Udupa JK , Burton RP. Trainable Optimal Boundary FindingUsing Two-Dimensional Dynamic Programming: Department ofRadiology, University of Pennsylvania, Philadelphia, PA; 1991.

81. Mortensen EN , Barrett W. Interactive Segmentation with Intelligent Scissors. Graphical Models and Image Processing 1998; 60(5):349-84.

82. Mortensen EN, Morse BS, Barrett WA , Udupa JK. Adaptive Boundary Detection Using'Live-Wire' Two-Dimensional Dynamic Programming. IEEE Proceedings of Computers in Cardiology 1992:635-8.

83. Noble JA , Boukerroui D. Ultrasound image segmentation: a survey. Medical Imaging, IEEE Transactions on 2006; 25(8):987-1010.

84. O'Donnell L. Semi-Automatic Medical Image Segmentation. Massachusettes: MIT; 2001.

85. Okamoto Y HH, Inoue H, Kanematsu M, Kinoshita M, Asano S. Quantitative image analysis in adipose tissue using an automated image analysis system: Differential effects of peroxisome proliferator-activated receptor-a and -g agonist on white and brown adipose tissue morphology in AKR obese and db/db diabetic m. Pathology International 2007; 57:369-77.

86. Olabarriaga SD , Smeulders AW. Interaction in the segmentation of medical images: a survey. Med Image Anal 2001; 5(2):127-42.

87. Otsu N. A threshold selection method from gray level. IEEE Transactions on Systems, Man, and Cybernetics 1979; 9(1):62-6.

88. Parker JR. Algorithms for Image Processing andComputer Vision: Wiley Computer Publishing; 1997.

89. Pham DL, Xu, C.Y., Prince, J.L. Current methods in medical image segmentation. Annual Review of Biomedical Engineering 2000; 2:315-37.

90. Pilemalm S , Timpka T. Third generation participatory design in health informatics—Making user participation applicable to large-scale information system projects. Journal of Biomedical Informatics 2007.

91. Pohle R. Computerunterstützte Bildanalyse zur Auswertung medizinischer Bilddaten: Universität Magdeburg; 2004.

92. Popovic A, De la Fuente M, E, M. , Radermacher K. Statistical validation metric for accuracy assessment in medical image segmentation. International Journal of Computer Assisted Radiology and Surgery 2007.

93. Prastawa M, Gilmore JH, Lin W , Gerig G. Automatic segmentation of MR images of the developing newborn brain star, open. Medical Image Analysis 2005; 9(5):457-66.

94. Reinhardt JM , Higgins WE. Paradigm for shape-based image analysis. Optical Engineering (Bellingham, Washington) 2006; 37(2):570-81.

95. Ressler ST. Contexutal Design Methodology: Designing a prototype software system linking the Nursing Interventions Classification with the Nursing Outcomes Classification. Oregon: University of Health Science; 2000.

96. Revere D, St Anna LA, Ketchell DS, Kauff D, Gaster B , Timberlake D. Using contextual inquiry to inform design of a clinical information tool. Proc AMIA Symp 2001; 1007.

97. Romn-Roldn R, Gmez-Lopera JF, Atae-Allah C, Martnez-Aroza J , Luque-Escamilla PL. A measure of quality for evaluating methods of segmentation and edge detection. Pattern Recognition 2001; 34(5):969-80.

98. Rue H , Husby OK. Identification of partly destroyed objects using deformable templates. Statistics and Computing 1998; 8(3):221-8.

99. Russell BC, Torralba A, Murphy KP , Freeman WT. LabelMe: a database and web-based tool for image annotation. MIT AI Lab Memo AIM-2005-025 2005; 1:1-10.

100. Salman YM, Badawi MA, Alian AM, El-Bayome SM , others. Validation Techniques for Quantitative Brain Tumors Measurements. Engineering in Medicine and Biology Society, 2005. IEEE-EMBS 2005. 27th Annual International Conference of the 2005:7048-51.

101. Schindewolf T PH. Interaktive Bildsegmentierung von CT- und MR-Daten auf Basis einer modifizierten hierarchischen Wasserscheidentransformation. In: Bildverarbeitung für die Medizin 2000

102. Schlatholter T, Lorenz C, Carlsen IC, Renisch S , Deschamps T. Simultaneous segmentation and tree reconstruction of the airways for virtual bronchoscopy. Proc SPIE 2002; 4684:103-13.

103. Schleyer TK, Teasley SD , Bhatnagar R. Comparative Case Study of Two Biomedical Research Collaboratories. J Med Internet Res 2005; 7(5):e53.

104. Schöbinger M, Thorn M, Vetter M , Cardenas CE. Robuste Analyse von Gefäßstrukturen auf Basis einer 3D-Skelettierung. Bildverarbeitung für die Medizin 2003, Tagungsband 2003.

105. Sester M. Lernen struktureller Modelle für die Bildanalyse; 1995.

106. Siebert A. Dynamic Region Growing. Vision Interface 1997.

107. Singh P, Lin T, Mueller ET, Lim G, Perkins T , Zhu WL. Open Mind Common Sense: Knowledge acquisition from the general public. Proceedings of the First International Conference on Ontologies, Databases, and Applications of Semantics for Large Scale Information Systems 2002; 2519.

108. Sørby, I.,D , Nytrø Ø. Towards a Tomographic Framework for Structured Observation of Communicative Behaviour in Hospital Wards. In: anonymous, editor. Requirements Engineering: Foundation for Software Quality Berlin / Heidelberg: Springer; 2007. p. 262-276.

109. Spinhof L , Calvi L. User and Task analysis in a home care environment. In: International Symposium on Human Factors in Telecommunication 2006

110. Su Q WK, Fung GS. A Semi-Automatic Clustering-Based Level Set Method for Segmentation of Endocardium from MSCT Images. In: Conf Proc IEEE Eng Med Biol Soc. 2007;1:6023-6. 2007

111. Suri JS, Kamaledin Setarehdan S , Singh S. Advanced Algorithmic Approaches to Medical Image Segmentation: State-of-the-Art Applications in Cardiology, Neurology, Mammography and Pathology: Springer; 2002.

112. Tang PC, Jaworski MA, Fellencer CA, LaRosa MP, Lassa JM, Lipsey P , Marquardt WC. Methods for assessing information needs of clinicians in ambulatory care. Proc Annu Symp Comput Appl Med Care 1995; 630:4.

113. Terzopoulos D , Metaxas D. Dynamic 3 D models with local and global deformations: deformable superquadrics. IEEE Transactions on Pattern Analysis and Machine Intelligence 1991; 13(7):703-14.

114. Thursky KA , Mahemoff M. User-centered design techniques for a computerised antibiotic decision support system in an intensive care unit. International Journal of Medical Informatics 2007; 76(10):760-8.

115. Tingelhoff K MA, Kunkel ME, Rilk M, Wagner I, Eichhorn KG, Wahl FM, Bootz F. Comparison between Manual and Semi-automatic Segmentation of Nasal Cavity and Paranasal Sinuses from CT Images. 2007; [cited 2009-06-23]. Available from URL: http://www.ncbi.nlm.nih.gov/sites/entrez

116. Tolchinsky A, Sheykh-Zade I, Moorjani S , Choi HK. A palm device for medical advisor 2002; [cited 2009-06-23]. Available from URL: http://www.geocities.com/midnight_the_fish/cs160/alla.html

117. Udupa JK , Herman GT. 3D Imaging in Medicine: CRC Press, Boca Raton; FL; 2000.

118. Udupa JK, LeBlanc V, Schmidt H, Imielinska C, Saha P, Grevera G, Zhuge Y, Molholt P, Jin Y , Currie L. A methodology for evaluating image segmentation algorithms. Proceedings of SPIE 2002; 4684:266-77.

119. Udupa JK, LeBlanc VR, Zhuge Y, Imielinska C, Schmidt H, Currie LM, Hirsch BE , Woodburn J. A framework for evaluating image segmentation algorithms. Computerized Medical Imaging and Graphics 2006; 30(2):75-87.

120. Underwood J, Luckin R, Cox R, Watson D , Tate R. Focussing User Studies: Requirements Capture for a Decision Support Tool. Proc ICSE2000 Workshop 2000; 5:88-92.

121. van der Geest RJ, de Roos A, van der Wall EE , Reiber JH. Quantitative analysis of cardiovascular MR images. The International Journal of Cardiovascular Imaging (formerly Cardiac Imaging) 1997; 13(3):247-58.

122. van der Have F, Vastenhouw B, Rentmeester M , Beekman F. System calibration and statistical image reconstruction for ultra-high resolution stationary pinhole SPECT. IEEE Trans Med Imaging 2008; 27(7):960-71.

123. van Ginneken B, Stegmann MB , Loog M. Segmentation of anatomical structures in chest radiographs using supervised methods: a comparative study on a public database. Medical Image Analysis 2006; 10(1):19-40.

124. Vogelsang F, Weiler F, Kohnen M, van Laak M, Kilbinger M, B. , W. GR. Modell- und wissensbasierte Segmentierung und Bildanalyse von Röntgenbildern. In: Bildverarbeitung für die Medizin 1999. p. 327-31

125. von Ahn L , Dabbish L. Labeling images with a computer game. Proceedings of the SIGCHI conference on Human factors in computing systems 2004:319-26.

126. von Ahn L, Liu R , Blum M. Peekaboom: a game for locating objects in images. Proceedings of the SIGCHI conference on Human Factors in computing systems 2006:55-64.

127. von Klinski S TT. Modellbasierte Segmentierung mittels Snakes und Mutual Information. In: Bildverarbeitung für die Medizin 2000

128. Walls D. Distributed value system matrix: a new use for distributed usability testing. Proceedings of the 25th annual ACM international conference on Design of communication 2007:256-62.

129. Warfield SK, Kaus M, Jolesz FA , Kikinis R. Adaptive, template moderated, spatially varying statistical classification. Med Image Anal 2000; 4(1):43-55.

130. Warfield SK, Mulkern RV, Winalski CS, Jolesz FA , Kikinis R. An image processing strategy for the quantification and visualization of exercise-induced muscle MRI signal enhancement. Journal of Magnetic Resonance Imaging 2000; 11(5):525-31.

131. Warfield SK, Zou KH , Wells WM. Simultaneous truth and performance level estimation (STAPLE): an algorithm for the validation of image segmentation. IEEE Trans Med Imaging 2004; 23(7):903-21.

132. Warfield SK, Zou KH , Wells WM. Validation of Image Segmentation and Expert Quality with an Expectation-Maximization Algorithm. In: MICCAI 2002. p. 298-306

133. Weichert F, Wawro M , Wilke C. Korrekte dreidimensionale Visualisierung von Blutgefäßen durch Matching von intravaskulären Ultraschall-und biplanaren Angiographiedaten als Basis eines IVB-Systems. Bildverarbeitung für die Medizin 2003, Tagungsband 2003.

134. Weichert F, Wilke C, Spilles P , Kraushaar A. Modellbasierte Segmentierung und Visualisierung von IVUS-Aufnahmen zur Bestrahlungsplanung in der kardiovaskul aren Brachytherapie. Bildverarbeitung fuer die Medizin 2002:85-8.

135. Wilson S, Galliers J , Fone J. Cognitive Artifacts in Support of Medical Shift Handover: An In Use, In Situ Evaluation. International Journal of Human--Computer Interaction 2007; 22:61-84.

136. Worth A, Makris N, Patti M, Goodman J , Hoge E , Caviness V, Jr , Kennedy D. Precise segmentation of the lateral ventricles and caudate nucleusin MR brain images using anatomically driven histograms. Medical Imaging, IEEE Transactions on 1998; 17(2):303-10.

137. Worth AJ, Makris N, Meyer JW, Caviness VS Jr , Kennedy DN. Semiautomatic segmentation of brain exterior in magnetic resonance images driven by empirical procedures and anatomical knowledge. Med Image Anal 1998; 2(4):315-24.

138. Wu M, Rosano C, Butters M, Whyte E, Nable M, Crooks R, Meltzer CC, Reynolds CF , Aizenstein HJ. A fully automated method for quantifying and localizing white matter hyperintensities on MR images. Psychiatry Research: Neuroimaging 2006; 148(2-3):133-42.

139. Xu C, Pham DL , Prince JL. Finding the brain cortex using fuzzy segmentation, isosurfaces, and deformable surface models. Proc. Information Processing Medical Imaging (IPMI'97 1997:399-404.

140. Yan J, Zhao B, Curran S, Zelenetz A , Schwartz LH. Automated matching and segmentation of lymphoma on serial CT examinations. Medical Physics 2007; 34:55-62.

141. Yitzhaky Y , Peli E. A method for objective edge detection evaluation and detector parameter selection. Pattern Analysis and Machine Intelligence, IEEE Transactions on 2003; 25(8):1027-33.

142. Zafer,Iscan, Ayhan, Yuksel, Zumray D, Mehmet , Tamer O. Medical image segmentation with transform and moment based features and incremental supervised neural network. Digital Signal Processing 2009; 19(5).

143. Zubal IG, Harrell CR, Smith EO , Smith AL. Two dedicated software, voxel-based, anthropomorphic (torso and head) phantoms. Proceedings of the "Workshop: Voxel Phantom Development"(PJ Dimbylow editor) NRPB Chilton UK 1995:105-11.

Anhang

Formblatt für die Zielgruppenanalyse

Microscopy Imaging Survey 2004

To make better products for imaging software we need more information about our users. So you can help us to improve the usability of software.

- You can win 10 gift certificates from AMAZON each 50€ worth! The winner will be informed by email.So please be sure to write it correctly.

- Due to less participants we will expand the survey until 01-09-2004!
- The Survey consists of 41 Questions
- To fill out the form you will need approx. 10-15 min.
- If you have problems by answering a question please select the topic which is most suitable. Otherwise write a short description in the comment box.
- If you have any further questions please feel free to contact us:

Daniel Mauch
Laimer Platz 1
D-80689 Munich
Email: info@ergosystems.de

Please fill in all fields
marked with a *

1. General Informations

* Age — Please Select

* Gender — Please Select

* Education — Please Select — Other

* Company — Please Select — Other

* Email

* Country

Please Select

2. Image Acquisition

* What kind of Software Product are you using?	Please Select one ore more options ai4 Docu AnalySIS AquaKosmos (to select more then one item hold the **Ctrl Button** down while selecting)	Other

What kind of Microscopy Method are you using?

* Conventional Light Microscopy	Always	Often	Seldom	Never
* Confocal	Always	Often	Seldom	Never
* EM	Always	Often	Seldom	Never
* TEM	Always	Often	Seldom	Never
Other	Always	Often	Seldom	Never

What kind of Contrast Method are you using?

* Fluorescence	Always	Often	Seldom	Never
* Phase Contrast	Always	Often	Seldom	Never
* DIC	Always	Often	Seldom	Never
* Polarisation (POL)	Always	Often	Seldom	Never
* Other	Always	Often	Seldom	Never

* What kind of image type do you acquire?	Please Select	
* What size do most of your images have in pixel value?	Please Select	Other
* What kind of file format do you use	Please Select	Other

for your images?

*	Do you record the scale of your images? (e.g., 1Pixel = 0,034 µm)	☐ Yes ☐ No
*	What is your approx. exposure time	Please Select ▾
*	How many **images** do you acquire approx. during one day?	[ ] [No.of Images]
*	How many image **files** do you acquire approx. per day?	[ ] [No.of Files]
	How often do you use the following acquisition type?	
*	**Time Lapse**	☐ Always ☐ Often ☐ Seldom ☐ Never
*	**Z-Stack**	☐ Always ☐ Often ☐ Seldom ☐ Never
*	**Multiple Wave Length (Multiple Channels)**	☐ Always ☐ Often ☐ Seldom ☐ Never
*	**Using a Motor Stage**	☐ Always ☐ Often ☐ Seldom ☐ Never
	Other Dimensions [ ]	☐ Always ☐ Often ☐ Seldom ☐ Never

How many images do you acquire during **one experiment**?	Number of time steps	[ ] [No.of Images]
	Number of Z-Positions	[ ] [No.of Images]
	Number of channels	[ ] [No.of Images]

Number of stage positions [No.of Images]

Other Dimension [No.of Images]

3. Image Analysis

* What are you planning to do with your images?

- Archiving
- Analyses
- Documentation
- Processing
- Publication
- Other

Other

(to select more then one item hold the **Ctrl Button** down while selecting)

* Please describe in a few words, what you would like to do with your images?

What kind of parameters are you interested when you do measurements or quantification?

- Area
- Volume
- Distance
- Intensity

Other

(to select more then one item hold the **Ctrl Button** down while selecting)

* What is the relation between objects and background?

- Bright objects on dark background
- Dark objects on bright background
- Grey objects on grey background

Other

* Select the relation of the objects size?
  - ☐ One dominating object
  - ☐ Many objects with same size
  - Other

* Select the shape the objects looks like?
  - ☐ Round/Grains
  - ☐ Phases/Layers
  - ☐ Fibers
  - ☐ Other
  - Other

Other

It would be very helpful if you could **send us a typical image**!

Your Comment

Send Data!

Fragebogen zur Validierung des Segmentierkonzepts

Grunddaten					
Alter	☐ 20-30	☐ 30-40	☐ 40-50	☐ 50-60	☐ >60
Geschlecht	☐ M	☐ W			
Ausbildung					
Bildbearbeitung (Photoshop) – Erfahrung [Jahren]	☐ Keine	☐ 0-1	☐ 2-5	☐ 6-9	☐ >10
Programmiersprachen – Erfahrung [Jahren]	☐ Keine	☐ 0-1	☐ 2-5	☐ 6-9	☐ >10
Bildverarbeitungs – Erfahrung (Analysen) [Jahren]	☐ Keine	☐ 0-1	☐ 2-5	☐ 6-9	☐ >10

Arbeitsaufgabe	
1. Versuchen Sie anhand von dem Beispielbild das Bildanalyseproblem zu beschreiben	
2. Welche Segmentier-Methoden kennen Sie?	
2. Welche Segmentier-Methodik halten Sie für sinnvoll für das Bildbeispiel?	

Image Object Describer					
Hilft Ihnen der IOD das Problem besser zu beschreiben?	☐ ☺	☐	☐	☐	☐ ☹
Wurden Eigenschaften beschrieben, an die Sie nicht gedacht haben?	☐ ☺	☐	☐	☐	☐ ☹
Halten Sie die Ergebnisse und Beschreibungen für sinnvoll?	☐ ☺	☐	☐	☐	☐ ☹
Würde Ihnen der IOD dabei helfen, Ihre zukünftigen Bildanalyseprobleme zu lösen	☐ ☺	☐	☐	☐	☐ ☹
Wie bewerten Sie den IOD allgemein?	☐ ☺	☐	☐	☐	☐ ☹

Problem DB					
Meinen Sie, dass es sinnvoll ist, die Probleme in einer DB zu speichern?	☐ ☺	☐	☐	☐	☐ ☹
Würden Sie Ihre Problemstellung auch in diese DB eintragen?	☐ ☺	☐	☐	☐	☐ ☹
Wie bewerten Sie die Problem DB allgemein?	☐ ☺	☐	☐	☐	☐ ☹

Solution DB					
Würde Ihnen die Solutions DB dabei helfen, Ihre zukünftigen Bildanalyseprobleme zu lösen	☐ ☺	☐	☐	☐	☐ ☹
Wie bewerten Sie die Solution DB allgemein?	☐ ☺	☐	☐	☐	☐ ☹

Methoden DB					
Ist die DB eine sinnvolle Hilfestellung für die Auswahl einer Segmentiermethode?	☐ ☺	☐	☐	☐	☐ ☹
Kannten Sie vorher diese Segmentiermethoden bereits?	☐ ☺	☐	☐	☐	☐ ☹
Würde Ihnen die Methoden DB dabei helfen, Ihre zukünftigen Bildanalyseprobleme zu lösen?	☐ ☺	☐	☐	☐	☐ ☹
Halten Sie die „Subjektiven“ Parameter, wie „Suitable for phases“ für sinnvoll?	☐ ☺	☐	☐	☐	☐ ☹
Wie bewerten Sie die Methoden DB allgemein?	☐ ☺	☐	☐	☐	☐ ☹

Gesamt-Konzept					
Halten Sie die Verbindung / das Zusammenspiel der einzelnen Komponenten für sinnvoll?	☐ ☺	☐	☐	☐	☐ ☹
Wie bewerten Sie das Gesamtkonzept?	☐ ☺	☐	☐	☐	☐ ☹

Fragen, die gefehlt haben?	
Bemerkung	

Testbild

Der disserta Verlag bietet die kostenlose Publikation
Ihrer Dissertation als hochwertige
Hardcover- oder Paperback-Ausgabe.

Fachautoren bietet der disserta Verlag
die kostenlose Veröffentlichung professioneller Fachbücher.

Der disserta Verlag ist Partner für die Veröffentlichung
von Schriftenreihen aus Hochschule und Wissenschaft.

Weitere Informationen auf www.disserta-verlag.de